順勢傾聽

職場向上、抓住人心的深度溝通力

ADAPTIVE LISTENING

BY NICOLE LOWENBRAUN
& MAEGAN STEPHENS

妮可・洛溫布勞恩、梅根・史蒂芬斯 著　楊璧謙 譯

推薦文

這本書不是教你聽話，而是告訴你如何在關鍵時刻掌握對話的本質。

書中拆解了傾聽背後的認知策略與情境判讀，讓我們重新理解傾聽：不是靜靜等待說話的機會，而是透過理解情境、解碼語言、調整節奏等過程，讓資訊與真實浮現。對於關注影響力與理解力的人而言，這本書不只是溝通教科書，而是一套因應不同傾聽風格的深度溝通指南。

——劉奕酉／《看得見的高效思考》作者、鉑澈行銷顧問策略長推薦序——

順勢傾聽如何改變我的人生

有些人天生就善於傾聽，有些人則不得要領，必須努力培養傾聽技巧。我自己向來兩者都不是。當然，如果我對你說的話很感興趣，就會全神貫注；如果沒興趣，則會想辦法改變話題，轉往能有收穫的方向。根據經典的傾聽相關文獻，我偏好的傾聽方式可真令人搖頭。

在社交方面，我可以算是善於傾聽：我會點頭、微笑，並表示有興趣，讓別人覺得我有在聽。但在工作上，光是禮貌性的點頭就很不容易，因為我們都想著要追求的目標，以及要做的決策。因此我傾向於為了完成某種目的，才會好好傾聽。就為了讓某個人覺得有人聽自己講話，而花時間去聽，這樣做真的有更有效嗎？有，但也未必如此。

本書不是要談「主動」聆聽，因為這理應是每個人的基本做法，而且實際上只「聽了一半」。沒錯，聽別人說話時，應該表現出自己正在專心聽，例如眼神接觸、點頭、表示有興趣，並確認你理解內容——但這並不夠。在職場交流中，表現出有在聽的樣子，未必符合當下所需。比方說，團隊裡有位成員希望你就應對某位難搞的供應商表示意見，如果你只是投入注意力、確認你理解問題，然後懸著話題不做判斷，對方也只能灰心地走開。在這個當下，這位同事需要的是主管可以聽他們傾訴——並回應，且須「順勢」而聽。

若能結合「主動」聆聽與「順勢」傾聽，可創造出一種強大的技巧，不僅增強同理心、有助於交流意見，最後也能收穫更卓越的成果。對個人和組織而言，都很適用。

其實，並沒有哪種傾聽方式稱得上是通行無阻。在學到「順勢傾聽」之前，我便已發現，有的人很喜歡我傾聽的方式，三不五時來找我說話，有的人卻在交談過後失望而歸，或無法滿足傾聽需求。我很難理解為何有些人樂意說給我聽，有的人卻無此動力。連我都無從辨認及破解自己的行為模式，以前也沒有什麼簡單的工具能精進相關技巧，如此困惑便始終留在心中。

後來，得知梅根和妮可提出的開創性方法，我才彷彿找到方向。藉此，我的腦中就能持續保有一個心智模式，即使繁忙時刻，也能立即集中注意力，並調整自身行為，因此可說是最適合我學習的方法。這個模式的基礎就是同理心，因此能迅速連起我的心智與感受——在追求組織日常運作的表現方面，傾聽和同理心正是無比重要的基本技能。

發揮同理心的傾聽行為，會將重點放在說話者的目標，當然實際目標因不同會議或情況而異。在杜爾特，我們將「發揮同理心的溝通」定義為：瞭解自己最不假思索採取的溝通方法、瞭解別人的需求，「進而」調整自己的表達方式，以符合對方的需求。梅根和妮可已進行傾聽相關研究多年，她們將模式應用於杜爾特公司後，也在我們內部迅速扎根。另外，有數百位參與我們課程的學員，也親身印證這個模式的可行度。

瞭解自己的傾聽風格

要開始順勢傾聽前，首先必須辨認自己的傾聽風格：總得先知道自己的起點，才能確認調整方向。

梅根和妮可仔細研究了員工與客戶溝通的模式，發現人在工作時會採用四種傾聽風格，也就是我們所謂的「順勢傾聽風格」。找出自己的傾聽風格後，不可思議的力量就會開始發威：你會採用一種能配合他人的方式，開始傾聽。

「主動聆聽」主要包含同理與支持說話者，「順勢傾聽」則涉及以上四種風格，並依個別情況而應用任一風格。

有一點比較棘手：我們一般都有一到兩種預設的傾聽風格，因此當下用起來很自然的那種，未必是最好的選擇。

以前，我的心態往往是：如果別人不想要「我」來下決定，又何必來找我談？但是，如今我採用了梅根和妮可這個可輕易套用的模式，因而在任何會面前，都會先花點時間思考說話者可能需要什麼，不再只是自然套用預設的「判別」或「推進」傾聽模式。還有一點很酷：順勢傾聽風格的四種方式，也正好是對方可能需要你採用的方式。關鍵在於，在對話「之前」，就應該設想說話者可能需要的傾聽方式，如此一來，你才能超出自己最強的那股衝動——以我來說，就是忍不住想介入。

釐清交談對象需要你幫什麼忙以後，下一步就是盡己所能，設法滿足對方的需求。舉例來說，假設人資主管向我簡單報告員工有哪些疑慮，現在的我會以「細究」的方式來傾聽，以便真正瞭解大家關心什麼問題。實際上，情況仍在人資主管掌握之中，她只是需要我體會員工的感受，並深切為他們著想。又比方說，行銷主管做的一切決策都沒問題，仍有一週銷售表現欠佳，這時我不會以「推進」方式來傾聽，而是出於「支持」而聽。某次，某企業的執行長來尋求諮詢，因為他們遇到困難，這時我則採「推進」策略。如果公司裡有人提出構想，希望獲得核准，我則會進入「判別」模式，以評估投資報酬率。

有時，還是會犯老毛病，畢竟前面這四種傾聽風格都是穩固不變的習慣，因此必須提醒自己選擇傾聽和回答的方式，必須刻意為之。無論如何，還是能在公司裡看到順勢傾聽的好處——各種決策明顯變得更加明智，彼此之間也配合得更好，因此我們繼續採用這種方法。信我一句，聆聽別人說話時，絕對值得這樣約束自己，先探究自身風格，進而調整及配合。

我的傾聽風格轉變史

就我而言，這個「推進」的風格不僅涉及傾聽本身。比如，為別人指引方向就是我最大的動力來源，因此不少人都喜歡告訴我事情，好讓我幫忙推動進度。不過，也不是每件事都管用——尤其是應付我家孩子時。

我兒子是個冰雪聰明、深思熟慮而內向的創業家。他會小心翼翼構思要說的話，或是不說的話。在我上過順勢傾聽的課程，並確認自己的傾聽風格是「推進」

後，也輕而易舉就找出兒子的風格：他傾向採取「細究」的方式。這時，我馬上瞭解，我的傾聽風格導致我們處不好，雙方寧願只傳訊息溝通。

隨著我逐漸調整為「細究」型傾聽者，便發現，如果聆聽時數到七，製造較長的沉默，兒子就能構成下一個想法，也願意多談點自己的事。我不再急著出意見或指導或給建議。我努力轉變傾聽方式，並充分理解他的需求後，雙方便開始更深刻瞭解彼此了，因此到聖誕節前，他每週都會跟我聊一小時，有不少次還聊到快兩個小時。假如梅根和妮可沒寫這本書，假如我沒有調整自己的方式，好好聽他說話，這一切都不會發生。現在我們都更瞭解對方的傾聽目標，也因此關係更好了。

公司也能獲益良多

如今，杜爾特員工都已瞭解自己的傾聽風格，因此創造出真誠互動且更有生產力的環境。在追求組織目標的同時，說話者和傾聽者也能滿足自身需求。開會時，你會聽到有人突然發現不對，表示：「啊，抱歉。我剛才是用『推進』的方式聽你說話，但現在發現你要的不是這個。」或者，他們會放心地告訴我：「我需要你先壓下『判別』的衝動，改用『支持』的方式聽我說。」擁有共通語言後，就能建立起如此安心且富有生產力的組織文化。

我常說，優異的溝通能解決事件上最令人為難的問題。那麼，不妨想像這樣的世界：每一場對話都有人帶著同理心，側耳細聽。不論領導人或個人，都能掌握自己的預設傾聽風格，並適時調整，讓其他人也能獲益良多。

我讀過許多書，也看過很多模式。但是這本書和相關的課程很不一樣，可能會帶動一場「同理心革命」。以具備同理心的方式說與聽，達到兩者之間的巧妙平衡，也有助於整個組織達成目標。因此，下次與人對話時，請記得：說話的人是抱著某個目標而說。不只豎耳聆聽，也請調整聽的方式，回應他們的需求。

——南西・杜爾特（Nancy Duarte）／杜爾特設計（Duarte, Inc.）執行長

目錄 CONTENTS

CHAPTER 1

這是一種更好的職場傾聽方式

不用說，你應該知道好好聽人說話，在職場上有多重要吧？要是有同事、主管、下屬、顧客或供應商不認真聽你說話，導致專案無法如期進展，你當然會壓力山大。如果原本能避開衝突，只因為有人不聽別人講話，導致場面無法收拾，想必你也會倍感挫折。其實，只要有人沒在聽，逼你得把話重講一次，你可能就會心生煩躁，甚至開始冒出怒火。

但是，假如在工作時，有人肯「好好聽你說話」，就會產生一股神奇的力量：團隊能夠合作無間，一起朝目標邁進，讓你激動不已；有同事與自己所見略同，你也能得到激勵；如果供應商或廠商聽懂了你的問題，並表示能夠解決，當然讓人鬆一口氣。如果沒有人肯好好聽你說話，這一切都不可能發生。

在職場中傾聽的好處很多，也很容易理解：傾聽可以提升你對同僚的影響力。主管傾聽技巧較佳，也有利於培養下屬信賴，並建立更強的心理安全感。負責招募高階主管的人員，也會尋找善於傾聽的人才來領導團隊。傾聽早已獲評為成功行銷人才的首要技能，因為優異的傾聽技巧可改善顧客態度，並建立長期關係。以整個組織而言，傾聽行為可提高員工參與度與留任意願，在業務運作上成效更佳。傾聽也與企業的良好營收表現有關。不論你身在哪個職位、職稱為何或任職於何種產業，傾聽都能改善職場關係與公司的盈虧表現。

在我們超過三十年從事專業溝通的相關經驗中，發現導致職場上難以專注聆聽的其中兩項因素：首先，很多人定義「好好傾聽」的方式，都忽略了傾聽本身有多重要、影響有多強大，以及傾聽可以探究的細節。其次，一般人都缺乏容易執行又好記的傾聽技巧，因而難以在忙碌快速的工作時間，立即開啟正確傾聽模式。

因此我們特別在商業領域進行了三年的研究、訪談、焦點團體與測試後，發展出全新的傾聽方法：順勢傾聽。

簡單說來，「順勢傾聽」是以符合說話者目標的方式，處理及回應訊息的模式。這不代表無論對方提出什麼要求，你都得照單全收，而是要將注意力從自己身上移開，多關注正在說話的人。本章將挑戰一些常見迷思，介紹這個新的「順勢傾聽」解決方案，進而幫助你在工作上用更有效的方式，好好聽進別人說的話——說不定，你需要的就是這個。

光是專心還不夠

「說得越少，聽見越多。」

——美國知名心靈導師拉姆・達斯（Ram Dass）

「每個人都有兩隻耳朵、一張嘴，所以我們可以聽到的話，是從嘴裡說出的兩倍。」

——希臘哲人愛比克泰德（Epictetus）

「大部分人聽別人說話，都不是為了理解對方，而是為了能回應幾句。」

——美國管理學大師史蒂芬・柯維（Stephen R. Covey）

這幾句引言非常貼切地指出，我們都需要更經常（與品質更好的）傾聽，不過，這幾句話也會讓人以為說話是傾聽的仇敵，但事實並非如此。其實，回應是傾聽很重要的一部分，更何況，在職場上如果你真的一直「話很少」，或者「聽的時間是說的兩倍」，或「不打算回話」，反而是給自己和說話的人幫倒忙。

傾聽不僅包含言語上的回應，也包含聆聽時的非言語表達。與其透過眼神接觸和點頭示意（也就是讓自己「看起來」有在聽，但實則未必），不妨善用臉部表情、肢體動作與聲音來表達。

好的傾聽不僅是專心聆聽，也涉及如何回應說話者，因此本書想告訴你的是一些技巧，幫助你處理及回應聽到的資訊，進而提升影響力。在接下來的章節，我們會詳細探討「順勢傾聽」的方法，並提供實際、可行的策略，供你在日常互動中實踐。

成為順勢傾聽者

順勢傾聽是目標導向的活動，亦即聆聽時，你的心中會惦記著說話者的溝通目標。這很不簡單，因為人都有自身偏好的傾聽方式（你的傾聽風格）、在傾聽時會有自己的目標（因為你是專業人士）、無法好好傾聽的個人障礙（畢竟人非聖賢），而且對方可能也不清楚自己想要或需要什麼（他們也是人）。透過順勢傾聽，就能找出自己的偏好和目標、削減擋在眼前的障礙、辨認對方的目標，最後就能調整聆聽的方式。

順勢傾聽風格與目標

順勢傾聽風格	你偏好的傾聽方式	順勢傾聽目標	說話者需要得到什麼
支持型聆聽者	以說話者的感受為優先	為了支持對方而傾聽	滿足情緒需求
推進型聆聽者	以推動事情的進展為優先	為了推動進展而傾聽	推動人員、專案或流程進行
細究型聆聽者	以內容本身為優先	為了探究內容而傾聽	瞭解並記得內容
判別型聆聽者	以評估為優先	為了判斷內容而傾聽	能對資訊進行評估

「主動聆聽」與「順勢傾聽」的比較

「主動聆聽」的說法：	「順勢傾聽」的說法：
請專心聽。	專心是應該的，成年人在工作上都是這樣做。
請表現出自己正在聽。	根據說話者的需求，可選擇不同方式表現出自己有在聽。
提供意見回饋或提問。	沒錯，有時候說話者有此需求，但也得看情況。另外，你也必須自行判斷哪一種回饋／問題最符合當下所需。
避免評斷。	在職場上，有時同事就是專門來請你判斷、評估或評論某些事。
以適當方式回應。	同意！但所謂適當的回應，也要視情況而定。
摘要談話的內容。	有時需要，但有些時候，資訊／後續步驟很明確，或急需快速取得進展，顯然就不需要深度摘要，甚至重述資訊，否則反而會拖累進度。

分享自身經驗和感受。	也不錯啦！但這也可能是一種自私。大談自己的經驗時請節制，並考慮改為其他方式。
別跳到結論。	有時，說話者正是需要你直接給出結論，他們可能就是為此找上你——為了借助你的看法和專業知識而來。

順勢傾聽的宗旨，就是在職場注入更多同理心。同理心有各種定義，但許多研究者都同意，同理心基本上就是能察覺他人情緒，並想像他們當下的感受。待你成為「順勢傾聽者」，與人交談時，你都更能發揮同理心。

若「發揮同理心」聽起來太累人，或不確定自己的同理心夠不夠多，是否足以成為順勢傾聽者時，不如想想這個附帶的好處：發揮同理心，對方就會變得比較不討厭。

你可能已經擁有一套自己很拿手的傾聽技巧，那就繼續，並利用順勢傾聽來加強或補充原有的方法。也可以考慮建議你的團隊和所屬組織採用，藉此提供一套共通的語言和工具，每個人都可用來改善傾聽品質，充分發揮順勢傾聽的潛力。畢竟，即使你自己善於傾聽，也不等於其他人都知道怎麼好好聽你說話（但他們可以學會）。

溝通分為兩方面：聆聽者的角度，以及說話者的觀點。本書第一部分的重點在於瞭解自己身為傾聽者的立場。在互動中，你會運用自己的順勢傾聽風格，也就是接收資訊時，偏好的處理及回應方式。若無須考慮說話者的身分、對方想要什麼或對話情境，這就會是你預設的傾聽模式。

第二部分則探討如何釐清說話者的傾聽需求。說話者會帶著自己的順勢傾聽目標進入互動，即使他們未必察覺，目標必然存在。否則，他們為什麼要和你說話？在此部分，你會學到如何判斷對方的目標，以及如何調整傾聽方式，來幫助對方達到目標。

想必你已經很明白職場中的傾聽有多重要，而本書可進一步提供一些技巧，幫助你從技巧欠佳、一般，甚至不錯的傾聽者，晉升為優秀的傾聽者。讀完這本書之前，你就會逐漸成為順勢傾聽者，能掌握別人在溝通時的需求，以及完滿達成的方法。如果你很努力提升順勢傾聽的技巧，更不只能幫助別人達到目標，也能在工作中培養別人對你的信任與倚重，從而達到自己的生涯目標（說不定，也能完成你的個人目標）。

CHAPTER 2

開始解析你的順勢傾聽風格

不論你是運動員或領導人，若要培養任何技能，最好的方法都是先瞭解自己目前的表現。傾聽也不例外。如同運動表現或領導能力，傾聽也是一種可學習的技巧，因此你可以先掌握自己目前傾聽的情況，由此開始下手。

每個人傾聽的方式都不一樣

儘管在生理學上，一般成人的傾聽能力都在伯仲之間，但在處理、詮釋及回應所聽到的內容方面——也就是傾聽的風格——卻有個體差異。為了進一步探索這個概念，請模擬以下的「早晨會報」情境。在閱讀時，請詢問自己：在聽到專案主持人報告最新進度時，情境說明後的四個選項中，哪一個最接近你當下閃過的念頭？

閱讀情境和選項說明前，請記得：這不是要找出標準答案。在以下情境中，只要選擇適合自己的答案，每個選項都會是「對的答案」。

這是例行的早晨會報，會有你密切合作的專案主持人提供資訊，說明修訂了什麼目標、調整了哪些時程，並報告進度。這些資訊更新都是工作上很標準的做法，專案主持人通常也會分享比較不符合期待或麻煩的部分。而今天，你要和其他五個人一起開會。

問問自己，在聽對方發言時，你的腦中會浮現哪一種想法：

選項1：我會感謝對方辛苦整理好這些資訊。

選項2：聽完這些資訊後，我會指出應該現在先做哪些工作。

選項3：聽完這些資訊後，我會急於想知道更多細節。

選項4：我會就對方分享的資訊，評估其中的利弊得失。

現在，如果你想的是「好，我會選其中兩個」或「在這個情況，我喜歡選項1，但其他情況，我會選2」，你不是唯一一個這樣想的人。有好幾千人都答過這個問題，四個選項都有人選。

各種回答的存在，表示大家傾聽的方式顯然都不一樣。即使說話者相同，傾聽者也擁有相同脈絡，人仍各有自己的傾聽偏好。

在工作上，或許你也已目睹傾聽的偏好差異，只是未曾留意。在小組會議、公司全體大會，或其他職場互動情境中，你常不自覺預設別人傾聽的方式和你相同。畢竟，其他傾聽者都身在同一個空間、聽同樣的人傳遞同樣的資訊。同事、主管或下屬就在你面前抄下筆記，提出追問的問題。你很確定，每個人都會記下相同的重點、以相同的方式評估資訊，並採取相同的後續步驟——大家應該都一樣吧。

你一直這樣以為……直到發現哪裡不對。即使說話者傳遞的訊息很清楚，即使互動中的每個人都發誓他們絕對、真的很專心聽說話者發言，仍可能因每個人的傾聽偏好不同，而造成一些困難。通常，這些傾聽偏好會在互動「之後」才露出端倪。在互動結束後，若傾聽者對實際發生的情況、原因和後續應採取的行動，各自抱持不同解讀，無疑已令人喪氣。時間一久，這些傾聽差異還可能重複相同模式，引起傾聽者與同事、主管、下屬和客戶之間的大問題，接著造成事倍功半、走退路和延遲等情況，進而危害公司文化、造成眾人選邊站等難題。

研究指出，傾聽是影響員工參與感和留任率的重要因素。不過，企業文化並非傾聽方式不當造成的唯一損害。傾聽問題可波及組織的近乎一切方面，從處理顧客和客戶需求，到提高靈活度，再到提高成長率，影響可謂遍及各方面。

若想達到傾聽風格相符，首要關鍵在於接受每個人的傾聽方式不同。因此，你應該瞭解自己與身邊的人會有不同的傾聽風格。認可這些差異存在，可幫助你更深入進行一些重要的自我觀察。或許，也可藉此幫助你找出自己的傾聽偏好、這些偏好對你的好處，以及如何妨礙你成為一名好的傾聽者。接受差異存在也能幫助你更熟悉傾聽的議題，並更能接納別人傾聽你說話的方式。

四種順勢傾聽風格

若要成為順勢傾聽者，首先請釐清自己偏好用哪種方式處理及回應資訊。不論誰對你說話、他們的意圖或交談情境為何，你通常都會使用的傾聽方式，就是你的傾聽風格。換句話說，也就是你不假思索就會採用的類型。既然這是「預設」自動採用的方式，表示即使你發現這不符合說話者或互動情境的需求，也很難刻意不用。

順勢傾聽分為四種：支持型、推進型、細究型和判別型。下表列出了四種風格的簡要說明，接下來四章的內容也會深入探討各種風格。

順勢傾聽風格與說明

順勢傾聽風格	你偏好的傾聽方式	順勢傾聽目標	說話者需要得到什麼
支持型聆聽者	以說話者的感受為優先	為了支持對方而傾聽	滿足情緒需求
推進型聆聽者	以推動事情的進展為優先	為了推動進展而傾聽	推動人員、專案或流程進行
細究型聆聽者	以內容本身為優先	為了探究內容而傾聽	瞭解並記得內容
判別型聆聽者	以評估為優先	為了判斷內容而傾聽	能對資訊進行評估

隨著你探索每一種風格，或許會發現自己在需要細心體察的情境中，可能善於傾聽；或在有人需要快速釐清思緒時，可以聽得很有技巧；在需要精準回想見聞的互動中，也許你最能聽得仔細；又或者，在某些人或某個專案需要有建設性的回饋時，你往往能聽出重點。

以傾聽者的角度來看，你可能也會發現某些風格較為棘手，也許是你不善察覺他人需要感同身受並伸出援手，也許對記下所有細節感到困難，也許是不須採取特定行動時，反而難以專心，也或許你不喜歡某個點子，卻想不透原因。如果能更清楚自己對哪一種傾聽方式最拿手，哪一種又最不容易上手，就能更懂得調整自己的方式，幫助他人滿足傾聽需求。

儘管每個傾聽者都有主要採用的順勢傾聽風格，或者會結合不同風格，但這都不表示我們絕不使用或沒有能力使用其他風格。其實，你很可能會發現，自己所有風格都使用過，但也別忘了，順勢傾聽風格不分優劣。只要使用時機適當、對象適宜，場合也恰當，每種風格都可能幫上大忙。在產業、組織和部門各層次，傾聽者都需要分析情況，適時運用四種風格。

舉例來說，即使你的順勢傾聽風格是「判別型」，也不代表你希望別人每次都以「判別型」方式聽你說話。同理，即便你知道某人的傾聽風格，也不表示他們總是要你採用這種風格。重點在於，定位主要傾聽風格有助於釐清自己在哪些情境最能自然應對（也最善於處理），以及你的風格在哪些情況可能碰壁。對聆聽方式瞭解越多，就越可能控制自如。

培養傾聽敏銳度

在接下來四章中，我們將更深入說明各種傾聽風格的特徵和注意事項。基本上，你會對至少一種風格產生強烈共鳴。之後的章節，則會更深入解析你在某些時候的傾聽方式。

你會擅自幫別人加油打氣嗎？你會因為自己急著完成，而催促某人或某群人一起趕進度嗎？你自認「我有在認真聽」的表情，是否看起來更像「我不是很想聽」？你會在別人都已準備好往前走時，還抓著問題或可能發生的失敗不放？讀過與自身傾聽風格相應的章節後，下次與人互動時，或許就能開始換個角度，另眼看待自己的傾聽方式。

那麼，現在你可能在想：「我可以只讀對應自己風格的那章，然後跳過其他的嗎？」

如果想當個順勢傾聽者，可別這樣做。本書的主旨是幫助讀者根據說話者需求，調整為其他相應風格。閱讀自身傾聽風格以外的章節時，不妨留意適應哪些風格對你來說較費力，哪些又比較做得來。接著，你會學到一些可運用在專業情境中的技巧，藉此調整傾聽風格，達成他人的需求。

還有一個閱讀其他章節的好理由：可以藉此更深入瞭解共事對象的傾聽方式。只要閱讀過所有風格的章節，你就能根據對他人的觀察，做出明智的推論。在瞭解同事的傾聽風格後，或許就能更包容他們的傾聽偏好，甚至能找出自己在不同情境中，分別需要與哪一類型的傾聽者對話。即使你對別人的傾聽風格做出的預測，未必每次都能命中，後續章節的解析仍可打下紮實的基礎，讓你充分理解傾聽這回事。

CHAPTER 3

支持型順勢傾聽風格

支持型聆聽者在傾聽時會優先考量說話者的感受，不論說話者是否坦然表現自己的情緒，支持型聆聽者通常都會主動為他人創造表達空間，也會打造出具情感連結的環境，讓別人感覺自己得到接納。

再次回想一下第2章的「早晨會報」，然後直接跳到四種選項：

選項1：我會感謝專案主持人辛苦整理好這些資訊。
選項2：聽完這些資訊後，我會指出應該現在先做哪些工作。
選項3：聽完這些資訊後，我會急於想知道更多細節。
選項4：我會就對方分享的資訊，評估其中的利弊得失。

支持型聆聽者通常會選擇選項1。儘管支持型聆聽者一定也有能力提出哪些工作應該先完成（如同推進型聆聽者）、能探究更多相關資訊（如同細究型聆聽者），也能分析優勢與劣勢（如同判別型聆聽者），但區別在於，支持型聆聽者會更常也更始終如一地重視說話者對當下情境的感受。

在閱讀下列支持型聆聽者的特徵和注意事項時，請想一想：這些敘述和例子符合你通常偏好處理及回應資訊的方式嗎？如果符合，即可參考本章建議，繼續使用並加強你的風格。如果以下特徵不太像你的作風，不妨思考一下，為什麼你在傾聽時很難優先重視他人的感受？不論原先偏好風格為何，每一位順勢傾聽者都必須瞭解提供支持型聆聽的恰當時機。

支持型聆聽者會確認說話者的感受

有些人將感受在職場中的順位往後挪，甚至還有些人認為情緒在工作上一無是處。但事實上，每個人在工作時都難免會有情緒，因為我們是人，不是機器。人會對工作狀況、對家庭情況和周遭世界的變動有感覺。即使有情緒，也不表示會妨礙工作完成。支持型聆聽者往往能接受人在工作上會產生情緒，並欣然接受此事實。

支持型聆聽者通常很善於優先照料說話者的情緒，其中一個原因是他們似乎能與別人當下或預期中的感受同步。他們會根據說話者所說的內容與說話方式，分析其中的情緒訊號。支持型聆聽者也會根據說話者「沒有說」的內容，不論是刻意不說或無意間沒有提及的內容，據此尋找情緒訊號。他們會從說話者傳遞的訊息中，解讀是否有言外之意，並且會非常注意對方的表情、語調和肢體語言。

支持型聆聽者釐清說話者的感受後，就會以肯定對方感受的方式處理及回應。他們不僅會運用可確認他人情緒的用詞，也會「鏡像模仿」（Mirroring）對方的語調和肢體語言。「鏡像模仿」意指模仿或複製他人的行為、言論和特徵。就好比如果對著鏡子微笑，鏡子裡的自己也會報以微笑。

現在，想像鏡中的那個人不是你，而是一位支持型聆聽者：當說話者表現出悲傷的樣子，支持型聆聽者便跟著傷心。如果說話者語速加快，支持型聆聽者也會說得更快。若說話者經常急切使用手勢，支持型聆聽者也會頻繁又急切地打手勢。這類聆聽者會用「鏡像模仿」展現同理心、建立親近感並協助他人感覺更自在。

鏡像模仿技巧常見傳授於治療、遊說、協商和銷售訓練等課程中，也已證實對建立信任感有正面影響。研究指出，在針對企業對企業的遊說銷售情境所進行的溝通訓練中，學習鏡像模仿的受訓者更能成功爭取顧客同意購買。

在鏡像模仿和單純模仿之間，有十分細微的區別，但支持型聆聽者通常都能成功運用鏡像模仿技巧，甚至不須經過任何訓練就能上手。這裡以一個情境為例：珊達是專案經理，馬利歐是執行專員，兩人正在為一項客戶的專案安排頗為複雜的時程。不巧的是，隔天馬利歐必須飛到東京見另一位客戶。他忙到還沒空打包、劃位或確認旅程細節。老到的支持型聆聽者珊達對此一概不知，只看到馬利歐在開會時舉止有異。

珊達：嘿，馬利歐，可以來討論時間表了嗎？

馬利歐：（蹙眉，在桌面下抖腳，語速加快）好，沒問題，來討論吧。

珊達：（心想：「馬利歐通常不會這麼粗魯，而且他看起來很焦慮。」）這個案子讓你壓力很大嗎？

馬利歐：（嗓門加大、語速加快並瞪大雙眼）哈！你怎麼知道？對，我覺得壓力很大。我有一大堆事要做，但是明天還要去東京，我很擔心出發前排不好這個時程。

珊達：（模仿馬利歐瞪大雙眼、加大音量，說話也跟著變快）啊，這樣真的很累！你真的要做太多事了！我猜，你應該很想專心準備出門，不想分心排案子的時程。

馬利歐：（露出微笑）對，就是這樣子。（降低了音量和語速，不再抖腳）但我知道，還是得完成。

珊達：（淡淡一笑，點頭表示同意）我知道。我們再討論一件事就好。真的，希望不會太麻煩你。關於這部分，我覺得……

接下來，馬利歐和珊達花了二十分鐘整理好專案時程。

這段對話不長，但取得不少進展。珊達透過言語認可和鏡像模仿，立即掌握並確認馬利歐的情緒。因為馬利歐表現出氣惱、挫折和心急，珊達也以言語和非言語方式展現同樣的態度，表達出她在意馬利歐的感受。根據馬利歐在對話結尾表現的行為轉變，可見珊達已藉由確認的技巧，協助他抒解壓力，也冷靜了一些。之後，雙方便能繼續處理手中的工作了。

支持型聆聽者會為他人保留表達空間

除了肯定他人的情緒，支持型聆聽者的另一項特徵是為他人著想。他們傾向將自己的想法和貢獻先放在一旁，騰出空間來讓別人先分享。在團體會議、腦力激盪或其他群體溝通互動情境，支持型聆聽者往往會比其他參與者的話更少。即便發言，也可能是為了稱讚別人的想法，讓原本提出的人得到肯定。這不表示支持型聆聽者無法提出絕妙的點子或達到了不起的成就——他們當然辦得到。只不過，他們通常會犧牲自己表現的機會，更強調其他人的付出。

支持型聆聽者的無私特質非常寶貴，可為個性較不強勢的人保留表達空間，也會比較站在缺少發聲機會的人那邊。在團體情境中，支持型聆聽者可能會盡力幫助較無發言權的人進入互動中。

傑利是一位支持型聆聽者和人事部門主管，向我們分享了一項技巧，通常可用於在職場互動時幫別人爭取表達空間：開會時，假如傑利察覺大部分意見都由某一兩位參與者提出，就會將注意力轉向鮮少發言的人。

「我會想幫忙爭取發言空間，讓他們有機會突破別人的聲浪。」傑利分享道：「我就是那個常講『我也想知道，大家對這個主題還有什麼看法』的人。」

給支持型聆聽者的注意事項

支持型聆聽者可能會為了顧慮說話者或整個群體，容易太委屈自己。另一方面，也需要留意自己是否熱心過了頭。以下讀到更多關於這兩點的討論時，請問問自己：你是否曾以支持型聆聽者的心態，做出了相同的事？

支持型聆聽者可能壓抑自己而減少貢獻

支持型聆聽者常會耗費許多力氣，設法將別人拉進對話或會議中，例如：他們會先等別人都已表達想法，或先邀請一位鮮少發言的參與者和全體分享，然後才提出自己的意見。但是，支持型聆聽者如此慷慨提供他人空間，也可能須付出沉重代價。

寇芮是一位支持型聆聽者，也是位勤奮細心的物流管理員，擅長建立高效率的流程。她所屬的工作小組最近接到新任務，必須負責更新給新進員工的訓練流程。寇芮很期待能投入此工作，也希望有機會藉此為新進員工打造全新的訓練體驗。每位組員都花費時間打造流程草案，小組也安排了會議，讓大家各抒己見。

會議當天，寇芮摩拳擦掌，很想發表自己的提案。她認為自己的構想對新員工很有幫助，也很想分享給全組的人。但等到會議開始，有位同事提出自己的想法後，寇芮的熱情便冷卻了下來。

會議討論時，支持型聆聽者可能有所保留，且往往立意良善。他們希望團體和諧、避免衝突，並能建立正向的團隊互動環境。然而一旦養成壓抑自己的習慣，反而可能造成不良後果。

以寇芮的案例來說，同事便錯過聽到她提案的機會。即使他們最後未選擇她的提案，整個小組也能從新的角度看待問題，由此獲益。或者，說不定在寇芮的想法中，有一些部分能用於改善組織的其他流程。但是很遺憾，不論哪一種情況，寇芮和她的小組都無從得知了。

若支持型聆聽者持續忽視分享的重要性，恐會錯失展現專業能力的機會，而影響長遠的職涯發展。畢竟，如果沒有人看見或聽聞他們的貢獻，即使他們能帶給組織廣泛且深遠的影響，同事與主管又如何得知？就升遷與交接規劃來說，支持型聆聽者也可能因上述習慣，而導致自身發展受限。

假如你發現自己也需要留意上述問題，不妨找一位敦促夥伴幫忙，比如經常一起開會或同在一個工作小組，且可以信賴的同事。然後，請告訴對方，你想在開會時多表達意見。

- 請他們使用類似以下說法的評論，邀你加入對話：「[你的名字]和我之前有討論過，他剛好有很不錯的想法。」或「我希望有想法的人都能說出來——不如先暫停幾分鐘，大家各自想一想，再繼續討論。」
- 進行線上會議時，請敦促夥伴透過釘選或聊天訊息，提醒你踴躍發言。

- 進行實體會議時，如果你和敦促夥伴比鄰而坐，請對方用手肘輕輕推你一下，鼓勵你發言。

支持型聆聽者通常都是堅強的照顧者，但是他們為互動帶來的溫暖，無須妨礙他們滿足自己的目標。他們當然可以爭取自己需要的東西，也可以獲得他人的關照。

支持型聆聽者也可能加錯油

在工作上，有時總需要得到一些鼓勵，不過，要是恭維或讚美過度，反而會把別人推得更遠。有時，對某人或某個群體來說，支持型聆聽者可能會顯得過度熱心。妮可便曾見識過這種稱讚過頭的情況，發生於某個團隊中，當時他們一行人到杜爾特客戶的活動現場工作。

活動場地在一座大型會議中心，同行的有簡報設計師（安吉拉）和專案經理（莫）。妮可、安吉拉和莫的任務是完成一份四十五分鐘長的主題演講簡報，要使用簡報的客戶是一位執行長，對方要在會議中心主舞台上演講。妮可的主要工作是確認主題演講內容引人入勝且具說服力，投影的簡報畫面也確實配合演講者當下提到的內容。安吉拉的主要工作是製作精彩又切題的視覺設計，在執行長演講時點綴舞台。莫的主要工作則是協調客戶和杜爾特團隊，並確認團隊能準時完成交付項目。

三人合力處理編輯中的檔案，並將畫面投影在會議室前方。他們互動熱絡，每個人都會發言，也會傾聽彼此說話。妮可針對投影片逐張指出需要變更的部分，安吉拉便逐一修改。他們一下修正用字、一下改顏色，對安吉拉這位經驗豐富、老到的設計師來說，都不是太複雜或費時的更動。

儘管妮可建議的變更都很簡單，每次安吉拉變動一處，莫就會稱讚一句。考慮到此時已經很晚，三人都疲憊不堪，來點加油打氣非常合理。但是，根據安吉拉發出的訊號，莫已經不自覺給出過度稱讚。安吉拉並不需要每做一次簡單但重要的編輯，就需要肯定，她也發現一直有人出聲讚美會造成干擾。這不僅拖累她做事的速度，也妨礙她完成工作。既然這些都難不倒安吉拉這樣的資深設計師，對方卻還稱讚她能完成這些微不足道的小事，反倒讓當事人覺得有點冒犯。

支持型聆聽者特有的能力就是善於讚揚同儕、下屬、主管和顧客，這是一項天賦。但是，讚美過度時，不僅干擾別人工作，也會惹怒對方。如果你發現自己常像莫一樣，過度熱切地幫別人加油，不妨注意說話者發出的訊號，他們可能正表達出自己的挫折。你可以觀察對方的臉部表情，如轉動或瞪大眼睛，也請注意言語方面的訊號，例如緊張的笑聲、嘲弄的語氣，或清喉嚨。請注意接收稱讚的對象是否不再道謝。如果出現這些訊號，表示你可能已做得過頭，此時請修正一下支持型聆聽的方式。

給支持型聆聽者的肯定

雖然，支持型聆聽者須注意與自身傾聽風格有關的注意事項，他們仍可為團隊和組織帶來無比的好處。不論是應該肯定與讚賞，或是同情與寬慰的時刻，他們都會讓大家感覺有人照顧到自己的心情。如果說話者需要傾聽者不急著指教意見（推進型聆聽者可能就會如此）、不急著問一堆問題，讓人無力招架（細究型聆聽者可能會這麼做），也不會輕易評價他們（判別型聆聽者可能就會這樣做），那麼支持型聆聽者就是他們必不可少的溝通夥伴。

如果支持型聆聽者不是你的主要順勢傾聽風格，你仍可能符合部分特質。或許，你有時會設法肯定別人的感受，或發現自己會努力鼓勵別人，而且不顧對方是否需要鼓舞，都會擅自這麼做。

即便你是推進型、細究型或判別型聆聽者，也不可能從不出現支持型聆聽的表現，如果有，那很好。學會順勢傾聽後，你就會知道應該在何時，以及如何秀出支持型聆聽者的一面，來幫助別人達到目標。在第9章〈調整為支持型〉中，你就會學到如何培養或加強支持型傾聽技巧。

不論你是不是支持型聆聽者，也請想一想，哪些同事可能屬於這一類？

- 你是否發現，有些人很懂得怎麼肯定你的情緒，或常在會議和對話中為你騰出發言空間？如果有，請好好感謝他們，或以相同的做法回報，或許他們也能感受到同樣的溫馨。
- 如果你有情緒，會找某個特定的人倒垃圾嗎？如果有，請思考一下你的傾訴是否給對方造成負擔。
- 你身邊有誰不常主動發言嗎？如果有，請幫助他們克服遲疑，看見主動表達的好處。也許，他們只是樂於助人，滿腦子都先為別人設想而已。
- 你是否曾因別人過度讚美，而覺得很煩或被惹惱？如果有，請轉念一下：請理解他們的動機，他們只是出於好意才稱讚你。

支持型聆聽者能給團隊和組織帶來許多好處，無須懷疑。這種傾聽風格是非常寶貴的資產，尤其是在容易牽動情緒，或敏感而須小心應對的討論，更顯重要。如果你發現身邊有支持型聆聽者，在需要有人為你加油，或找人談心時，就會安心許多，也會知道是誰在照料你和整個組織的心情，而明白該找誰道謝。你也會發現，與下一種風格「推進型聆聽者」相比，這兩者可真是天壤之別。

CHAPTER 4

推進型順勢傾聽風格

推進型聆聽者在傾聽時會優先重視能否推動事情的進展。其他類型的傾聽者可能會提出問題來釐清疑問、想蒐集更詳細的資訊，或需要一些時間分析各種選項，推進型聆聽者則經常思考要提出什麼提議、建議或指令，因為他們很希望持續推動事態進展。這類人會經常又快又急地思考、回應及行動，即使當下情況不需要趕時間，也不急迫，他們仍會不自覺如此。

再次回想一下「早晨會報」，然後直接跳到四種選項：

選項1：我會感謝專案主持人辛苦整理好這些資訊。
選項2：聽完這些資訊後，我會指出應該現在先做哪些工作。
選項3：聽完這些資訊後，我會急於想知道更多細節。
選項4：我會就對方分享的資訊，評估其中的利弊得失。

推進型聆聽者大多數會選擇選項2。

雖然推進型聆聽者也會肯定說話者的情緒（如同支持型聆聽者）、尋求更多細節（如同細究型聆聽者），或找出利弊得失（如同判別型聆聽者），但此類聆聽者通常喜歡以得到的資訊為行動的出發點。他們會仔細聆聽，然後準備好向前邁進。

如果你在推進型聆聽者的特徵和注意事項中，看見一小部分的自己，那麼本章會告訴你一些充分運用自身傾聽風格的方法。若以下說明不太像你的作風，也不妨設想一些情況，若你能在其中表現得像推進型聆聽者，藉此幫助別人達到互動目標，自己也能受益良多。

推進型聆聽者善於思考後續行動

在訓練課程中，有一些人會提出疑問：「推進型聆聽者有在聽別人說話嗎？」答案是有。如果他們沒在聽，就不可能想到接下來的步驟。有時，這類傾聽方式也正是說話者需要的。不過在其他時候，確實也能造成干擾。

不論推進型聆聽者正在聽什麼內容，他們通常都會為了實現某些事，而在腦中盤算後續的步驟或行動。推進型聆聽者的主管在面試職缺候選人時，可能會很快做出判斷，心想：「我得到的資訊夠多了，我認為可以把這個人送進下一輪。」開會討論是否更換廠商時，推進型聆聽者的工程師或許很快就會插話說：「我可以用兩個月的時間，讓新廠商進入狀況。」如果某位房地產經紀人是推進型聆聽者，在帶客看房時，可能沒兩下就會掌握情況：「下一個地方應該帶他們看走道大一點的，不然他們根本不會想買。」在不同情況下，推進型聆聽者通常都會豎起雙耳，設法找出邁向里程碑、期限或最終目標的方法。

在受訪時，許多推進型聆聽者都認為，持續推動進度的特質正是他們職涯成功的原因。別人常稱他們是腦筋動得很快、解決問題和做事的人。推進型聆聽者的腦中似乎會很自然地提問：「接下來該怎麼做，這件事才會成？」或「我該做什麼，才能讓事情有進展？」他們的注意力會放在完成目標上，而這樣探究完成手段的特質，讓他們能在表現卓越的團隊中成為重要的人才。

有時，推進型聆聽者會一邊聽別人說話，一邊找出自己能採取的後續步驟。有時，他們則藉由傾聽找出可以交辦或指派給別人的步驟和工作。還有些時候，他們不曉得該由誰來完成後續流程，但他們知道該做哪些事。推進型聆聽者可能還會以別人可採用的行動計畫或檢查清單來回應，讓大家都能避免困惑或浪費時間。

如果常有人說你很會衝進度，或者總在思考後續步驟並用行動說話，那麼你可能就是個推進型聆聽者。

推進型聆聽者會連結不同脈絡中的概念

推進型聆聽者不僅會在傾聽當下就思考後續行動，還會設想目前聽到的資訊可套用在哪些不同情境。其他類型的聆聽者也能找出這樣的關聯嗎？當然可以，但推進型聆聽者的腦袋通常不假思索就能辦到這件事。

推進型聆聽者會在聽別人說話的同時獲得靈感，並看見全新的機會、發現重複的模式，或預見某情境中的正面結果，以及可用何種方式複製或重現於另一情境。

梅根就是一個推進型聆聽者，她在杜爾特率領的部門負責擬定溝通策略、撰寫講稿及訓練講者。既然她有主管級的能力，又有多年溝通領域的豐富經驗，同事便常找她加入工作小組、參與協商會議和跨部門團隊，請她分享一身專業知識。

梅根會參加一個由產品團隊負責人主持的每月會議。開會時，負責人會更新進度、討論目前與產品相關的困難，並請小組思考有哪些潛在的產品升級方向。在某場會議期間，產品負責人報告了以下更新資訊：

負責人：我們正在試行一套新的訓練流程，用來指導產品使用方法。目前還在內部測試，我認為這個流程會讓人員上線培訓和使用體驗都更流暢。現在，我想帶大家實際走過大致的流程。

梅根知道，應該趁這時好好探究其中的各種細節（等讀者讀過〈第11章：調整為細究型〉，也會瞭解何時為恰當的調整時機）。她端正坐姿，雙眼注視說話者。聽負責人講評了大約兩分鐘後，梅根便已理解新流程的好處。其實，這個流程聽起來真的很不錯，她不免開始思索，或許這能用來改善杜爾特的「另一項」產品。產品負責人每提及一項新細節，梅根便設想要如何套用相同的流程，來簡化另一項產品的上線培訓和使用者體驗。

在鑽研順勢傾聽技巧前的梅根，大概會積極加入討論，追問與自己產品相關的問題。以往，她習於找出不同情境間的關聯，並告訴整個小組，目的全都是為了推動進度。但是，如今回顧這些互動的情景，她會深感慚愧，認為過去每次都是為了「自己的目標」，而非「說話者的目標」才互動。因此，面對前述的這位產品負責人時，梅根沒有急著發言。

這次，她翻出一疊便利貼（她向來隨身攜帶），寫下提醒事項：找產品負責人開會，討論新流程應用於另一項產品的問題。安置好這些想法後，她便又能將注意力放回說話者身上，強迫自己停止思考另一項產品，專心瞭解負責人正在評論的這項產品。

會議結束後，梅根便與產品負責人安排討論。最後，他們發現上述流程並不適用於梅根的產品。不過，要不是梅根發揮了推進型聆聽者的特質，連結起不同情境間的概念，或許她永遠不會考慮此流程是否可行。

儘管對推進型聆聽者本身和他們的組織而言，有能力尋求在其他情境也極力找出最佳方案、避免錯誤或善用優勢，通常是好事，但如同梅根的例子，在開始連結不同脈絡間的概念時，這麼做反而可能偏離重點。離題過多時，推進型聆聽者便無法專心聆聽。不過，若這項特質很像你的作風，也不必擔心。在後面的章節，你可以學到一些技巧，幫助自己重新聚焦傾聽重點（就像梅根寫下離題想法時所運用的技巧）。

給推進型聆聽者的注意事項

這類聆聽者雖有他們的好，也有幾點必須注意。由於行動和思考速度都很快，便很可能反過來排擠別人的參與。此外，無論言語和非言語方面，他們的行為都以行動為先，因此可能顯得沒耐性，久而久之便可能傷害專業關係與自身名譽。閱讀以下注意事項時，請問問自己，你是否會有這類行為？如果有，出發點是否都是為了身邊的人著想？

推進型聆聽者可能排除他人參與

既然推進型聆聽者經常以最終目標為重，有時便可能反過來排除別人參與流程進行。他們總是已準備好向前邁進，便會造成別人找不到機會提出自己的方案或參與決策。

回到在本章開頭回顧的「早晨會報」情境：假設會議結束後，專案主持人找上一位推進型聆聽者，傾吐了一些開會時沒能說出的疑慮。專案主持人認為趕上期限幾乎不可能、這段日子不免得挑燈夜戰，且相關資源也很有限，表示自己非常焦慮。此時，這位推進型聆聽者便發揮善於創造動力並推動後續步驟的特長，當場提出一項計畫，藉由三項行動來遵守期限和運用資源，進而以高效率完成工作。專案主持人見到有人提出好法子來推動進度，甚感欣慰，便說：「真是好計畫。謝謝你提出來。」一小時內，這個計畫便透過電子郵件寄給團隊中的其他人。

現在，如果你覺得：「跟這個推進型聆聽者當同事，感覺超讚！有他們在，團隊進度就能一直向前衝。」說得沒錯……但只對了一部分。這個例子的重點並非推進型聆聽者或專案主持人本身，而是推進型聆聽者帶給其他團隊成員什麼感受。

就在其他人打開電子郵件，看見這個已初步規劃的方案時，只感到一陣混合困惑、憂慮，甚至是憤怒的情緒。即使這位推進型聆聽者立意良善，但是前述和專案主持人的對話，以及會議後的規劃討論，卻導致其他團隊成員覺得自己被忽視。一旦形成這樣的緊張關係，團隊未來就會更難同心協力。

推進型聆聽者的偏好不僅會傷害這次的互動氣氛，如果他們依然故我，長遠而言，還可能削弱團隊文化。假使這項新計畫推行順利，推進型聆聽者和專案主持人就會照舊這樣做，不知不覺中，便會三番兩次私下訂好計畫，不再和團隊其他人討論。

其實，遇上這類情況時，推進型聆聽者可在計畫中加上一些其他訊息，讓其他人也有機會參與。比如在上述這封電子郵件，可避免直接「下達」或宣布計畫，而是說明為何沒和團隊其他人討論就提出了計畫（「剛才開完會，我們討論了一下，想到了一些點子」），並邀請大家提出意見和問題（「我想知道大家對這個計畫有什麼想法」或「各位對這個計畫有任何問題或疑慮嗎？」）。

如果你就是一名很容易跳過別人，傾向追求速戰速決和高效率的推進型聆聽者，請記得：接納別人也很重要。請從一開始就讓所有相關人士加入，或邀請其他團隊成員參與規劃，而非直接指定大家該做什麼。畢竟，狂拚進度和好好合作不可兼得。如果你想到什麼好點子，或想提出行動步驟，這樣很好，但請務必將你的規劃告訴其他人，並尋求他們的意見或參與，好爭取認同。做到這一點，就能在自己的高速行動力與接納他人的體貼之間，達成美妙平衡。

推進型聆聽者會好好完成一件事嗎？他們會。但若單憑自己狹隘的眼光或排除他人參與的方式來完成，仍會造成一些風險。即便推進型聆聽者是為了推動進展而行動，立意良善，卻也可能排除他人參與，而形成不健康的行為模式。

推進型聆聽者可能被當成沒耐心的人

除了會不經意排擠別人，推進型聆聽者還可能顯得很沒耐性。雖然他們迅捷的思考與行動能力很寶貴，卻也會讓同事和顧客覺得咄咄逼人或惹人厭。

以厄尼和彼艾拉的情況為例：他們都是客戶策略經理，負責確認現有客戶對購買內容滿意，並能充分享有其中的價值。最近，因為厄尼即將休假，彼艾拉要在這段期間，暫時為他管理客戶關係，兩人便進行了一個一對一虛擬會議。

彼艾拉是個推進型聆聽者。她一向能快速吸收資訊，並準備好進行下一件工作。厄尼也為了開會而準備好所有背景資訊、細節，並擬好「預想情況」，方便彼艾拉在接下來兩週代為管理顧客關係時，能有個參考：

厄尼：（活力適中，語速稍慢）感謝你這麼忙還願意幫我處理客戶關係，真的很謝謝你。

彼艾拉：（活力十足，語速較快）小事啦！

厄尼：好，那我來大概說明一下每位客戶的情況。我想說明他們可能需要什麼，還有一些背景資訊。如果他們有任何問題，你就會比較清楚狀況。

彼艾拉：（張大雙眼，面露驚訝）噢，我不知道要一個一個討論。好，那就來吧。

厄尼：這是第一位客戶，在我休假時，還需要追蹤他們的情況。他們對產品還有一些問題，而且——

彼艾拉：呃哼、嗯、好。

厄尼：——我已經答應他們要幫忙看看，然後在星期二之前回覆。當然，客戶也可能在星期二以前就自己解決了。他們的團隊很積極，如果有幾天時間研究，通常可以自己處理好。

彼艾拉：（瘋狂點頭）好，我知道了。

隨著對話進行，彼艾拉的言語和非言語回應方式都讓厄尼挫折不已。儘管身為推進型聆聽者，她熱心協助厄尼拉回進度，但不停點頭和過多感嘆（那些「嗯哼、呃好、對、真的、好吧」）並不是厄尼需要的東西。此外，既然這是虛擬會議，情況又更複雜了點。

如果你也常開虛擬會議，可能就知道問題在哪——如果兩個人同時說話，通常會產生困擾。會議軟體未必能處理雙方重疊的聲音，因此這種斷斷續續的聲音很容易造成訊號延遲和干擾。有時，就會遇到這樣的尷尬處境：「你先——不，你先講吧——不會，沒關係，你先說。」彼此推來推去，僵持不下。

如果你發現自己也像彼艾拉一樣說話，請捫心自問：「我是不自覺催促別人的推進型聆聽者嗎？」稍微點頭和偶爾發出「嗯哼」的聲音，或說出「好，知道了」，可幫助說話者產生信心，知道你會幫忙推動對話進展，但反應過度可能適得其反。

為了監督自己是否有這類行為，請將自己在互動中的表現錄下來，並觀看分析。請觀察自己點頭的次數、頻率和急切的程度。藉由親眼看著自己的表現，就能認識自己的模式，進而盡可能減少及避免表現不耐煩的行為。如果在自律方面有困難，或者不清楚自己的言語和非言語回應方式，請找一位敦促夥伴，請對方監督你的行為，並幫助你認識自己。

給推進型聆聽者的肯定

儘管推進型聆聽者必須留意與自身傾聽風格有關的注意事項，他們確實也憑著能推動進度，而為團隊和組織貢獻良多。不論是由說話者、聆聽者或其他人負責的工作，推進型聆聽者都可以讓其他人產生信心，相信該做的事一定會完成。若其他類型聆聽者投注太多心力關注情緒問題（比如支持型聆聽者）、太追究方法（比如細究型聆聽者）或太大力批判時（比如判別型聆聽者），推進型聆聽者就能幫上大家的忙，讓進度不會在原地打轉。

成為更優秀的推進型聆聽者

即使推進型聆聽不是你的主要順勢傾聽風格，在工作中，你或許也會表現出一些推進型的特徵。例如因為職務所需，而習慣幫忙推動進度，或發現這不僅是為會議收尾的好法子，還能確認大家都瞭解接下來的方向，而樂於採用。第10章也將引導各位分辨可優先推動進度的時機與方法，進而滿足他人的需求。

不論你是不是推進型聆聽者，都可以設想一位符合此類型特徵的同事：

- 有沒有哪位同事很擅長幫助你往前邁進？如果有，請思考他們如何對專案或當下情況帶來正面影響，然後向他們表達感謝。
- 你是否發現，有人很會將個別概念互相串連？如果有，請思考這個人發揮的價值，以及如何仿效對方。
- 你能否想到有誰向來動作很快，但有時不免忽略別人的意見和貢獻？如果有，請用新的方式看待：他們的出發點其實很好，即使有時方法不太對，也是本於善意。
- 你是否曾因某人精力充沛或態度強勢而被惹怒？如果有，請記得，他們只是想幫助你完成一切，並提高大家的生產力。

推進型聆聽者可為組織貢獻「打破僵局」的力量，並推動眾人向前邁進。如果發現組織裡有推進型聆聽者，那麼需要有人推一把時，你就知道該找誰幫忙了。

另一方面，也不妨重新認識他們的「沒耐性」，開始欣賞他們的「幹勁十足」吧。

相較於推進型聆聽者總是巴不得加快互動，接下來要介紹的細究型聆聽者，可又是另一種風格了。

CHAPTER 5

細究型順勢傾聽風格

細究型聆聽者在傾聽時會以內容為優先，通常很渴望獲得更多資訊。他們或許不像其他聆聽者那麼迅速邁向下一步，因為他們充滿好奇心，很想多多探究。如果其他類型的人只是大略聽過內容，只求掌握對話主旨或重點，那麼細究型聆聽者往往會設法深入、全面瞭解說話者要傳達的訊息，渴求藏在表面之下的細節與深度。

再次回想一下「早晨會報」，然後直接跳到四種選項：

選項1：我會感謝專案主持人辛苦整理好這些資訊。

選項2：聽完這些資訊後，我會指出應該現在先做哪些工作。

選項3：聽完這些資訊後，我會急於想知道更多細節。

選項4：我會就對方分享的資訊，評估其中的利弊得失。

細究型聆聽者一般會選擇選項3。

想必細究型聆聽者有能力重視說話者的情緒（如同支持型聆聽者）、根據所得資訊採取行動（如同推進型聆聽者），或者對資訊進行評估（如同判別型聆聽者），但屬於細究型的聆聽者通常更樂於蒐集詳細資訊，並深入理解對話的資訊。

假如以下特徵和注意事項和你的樣子很像，你可能就是個細究型聆聽者。如果只像是某些時候的你，並非時時刻刻都是如此，或許你有超過一種主要傾聽風格。要是完全不像，也可以想一想：在哪些情況中，這種傾聽方式可能有利於對你說話的人（甚至長遠看來，對你自己也有幫助）？之所以如此，是因為每位順勢傾聽者都必須學會運用細究型傾聽，以備不時之需。

細究型聆聽者善於整理細節

不論正在談論什麼，細究型聆聽者通常都會在心中默記，或實際記下說話者正在分享的細節。在聆聽時，他們會將聽到的資訊歸進腦中最適當的資料夾，或直接寫進筆記本或電腦中。他們可能會盤算著：「好，第一個資訊整理了我已經知道的東西，應該記在人腦資料庫的這一區／筆記本的這一頁／電腦上的這個檔案。第二個資訊是更新，所以放在另一個區塊。第三個完全是新資訊，那應該先放一邊，回頭再細看。」

憑藉記憶或實體筆記歸類細節的做法，能讓細究型聆聽者產生自信，確認自己重視了說話者所說的內容。有位擔任訊息策略規劃人員的細究型聆聽者，便說明了他們的筆記方法：「我的筆記看起來就像意識的分流，我也習慣一字不差記下所有內容。打從大學時代，我就愛用活頁筆記本，直到現在，只要想記下所有重要細節，我就會抓起筆記本來記錄。」並非只有細究型聆聽者才會在傾聽時做筆記，但他們的目標是為了稍後能確認一切所知皆已詳實記錄，並妥善保存。

比起其他類型的順勢傾聽者，細究型聆聽者通常會更鉅細靡遺地記錄過往的專案、計畫、策略、成功與失敗等。如此詳實的記憶對細究型聆聽者和他們共事的對象大有幫助，不僅能善用先前的成就，也能避免一再犯相同的錯。

有位資深律師是細究型聆聽者，他表示與他資歷相仿的律師，往往須牢記許多情節類似的案例，以便在和當事人互動時，能當場引用。他自認因為能同時運用心智和實體方式記下這些案子的細節，而得以掌握從業優勢。

「當事人常問，能不能主張某個論點？」他分享道：「這時就得說明這個論點可不可行、為什麼可以或不可以。」優秀的律師通常必須對過往案例如數家珍，才能根據法院見解，判斷向當事人論證為何某項論點站不站得住腳。身為細究型聆聽者，這位法律人也發現，在應對特別挑剔的當事人時，自己的傾聽風格尤其管用。

「因為我能把人名、問題和模糊的證據片段都記得清清楚楚，因此能做好工作，並贏得當事人的信賴。」他表示：「如果同事需要案件細節，我也能幫上大忙。」

細究型聆聽者善於記錄並整理細節，其他人可能只想「聽個大概」，他們則是將一切細節視為重點，並希望憑頭腦或實體筆記來記錄。他們知道，獲得重要資訊不僅只對自己有利，也對別人有好處，這可幫助團隊專注於重點，並與其他偏向忽略瑣細資訊的傾聽風格互補。

細究型聆聽者會確認所聽到的資訊

聽別人說話時，細究型聆聽者不僅會將資訊記在心中、寫在紙上，或打字記下，他們也會設法確認自己是否正確理解說話者要表達的意思。他們可能會在對話中途尋求認可，確認自己跟上正確訊息，也可能在對話結尾確認，列出自己吸收到的重點，確認理解無誤。在會議的情境，開完會後，他們便可能寄封電子郵件給別人，確認自己沒漏掉什麼部分。他們只是想確認自己確實跟上了說話者。

李是一位細究型聆聽者，他告訴我們，無論何種會議，只要能確認自己對資訊的理解無誤，他就能產生信心。假如要進行涉及大量討論的一對一會議，他會透過轉換主題、停頓或暫停對話來確認。

在其他情況，李也都會設法確認聽到的內容。他發現，在團體情境中，這個方法特別有用，因為當下會有好幾個人發言，彼此溝通、爭辯或探討某個想法。

「只要有人同時說話、繞圈子，或沒有清楚表達想法和意見，我就會很難專心聽懂內容……我最怕這樣。我希望所有資訊和想法都清楚說出來，但在一片七嘴八舌裡面，真的很難聽清楚每個人的發言。」遇到這種情況，李通常會趁吵鬧暫歇時，趕緊確認每個人的想法或意見。

李指出，這個特質還有一個額外的好處。「有時，在確認聽到的內容時，其他人也會發現他們彼此認知不一。」李說道：「或者，他們知道自己看法不同，在我確認我聽到的是什麼時，就能幫忙釐清整個討論，或幫他們瞭解我們還要再多討論一些。」

尋求確認不僅能幫他完整理解聽到的資訊，也能將衝過頭的眾人拉回來，放慢速度並重新整頓，讓整群人都能放慢連珠炮似橫衝直撞的對話，好好釐清事實。或許，你就曾因為有人出面確認而獲益良多，也或許，你突然發現這就是你的一種特質。

給細究型聆聽者的注意事項

不論大小組織，確實都很需要細究型聆聽者的存在，但這一類人也有必須留意的地方。有時，即便出於善意，細究型聆聽者也可能耽溺於細節，而拖累互動進度。他們也可能看起來走神，即使他們真的有在聽——他們聽人說話時，的確就是這副表情。閱讀以下注意事項時，請看看自己是否有這樣的行為。如果有，不妨開始瞭解並警惕自己，盡量避免發生以下情況。

細究型聆聽者可能導致進度停滯不前

儘管細究型聆聽者能以內容為優先，而傾向花時間處理資訊，並提問確認他們已掌握一切細節，但這麼做卻未必顧及說話者或整個團體。對於急著邁向下一步的聆聽者（比如推進型聆聽者），或準備好評估想法、意見和替代方案的聆聽者而言（比如判別型聆聽者），如此著實令人挫折不已。若細究型聆聽者一個不小心，可能就會拖住整個互動的進展。

一旦細究型聆聽者一心追究細節，並想花時間好好處理資訊時，往往就難以向前邁進。但若忽略說話者或群體的需求，可能引起他人的緊張、疑慮，甚至是憎惡的情緒。

如果不確定自己是否常拖累群體步調，不妨開始多留意別人發出的訊號，不論是有意或無意流露，都在提醒你應該往前邁出下一步了。

- 互動對象在回答你追問的問題，或重新解釋某件事時，是否加快語速，或誇張地嘆氣？
- 對方是否開始抖腳、敲筆或焦躁地搔頭？

沒錯，在不同情況中，加快說話速度和抖腳也可能表示其他意義。這裡的用意只是提醒你注意這些訊號，並問問自己：「我是不是在拖累對方或大家？」如果發現自己拖到進度，請想一想：不追究得這麼仔細，會怎麼樣嗎？

自行判斷之後，要是仍認為需要探究額外資訊，但也認同這麼做會影響說話者或整群人的步調，這時可以直接用一句話，請大家注意稍微延宕的事實：「我知道我在占用大家的時間，但麻煩再給我一兩分鐘就好。」只用這麼簡單的一句話，就能表現出你願意為自身行為負責，也瞭解你的做法會影響別人。自行坦承反而讓人更容易同理你的行為，或許也比較不會因你而感到緊張或挫折。不過，細究型聆聽者仍可嘗試接受這件事：或許，你得到的資訊已經夠多了，足夠你繼續向前，即使感覺還不太夠，也試著放過自己吧。

細究型聆聽者可能看似漫不經心

除了可能延宕團體步調，細究型聆聽者在聽別人說話時，也可能給人分心或走神的印象。根據細究型聆聽者的說法，他們通常將注意力放在記下一切資訊，或說話者所說的內容，因為實在太專注了，有時就忘了說話的人本身。這就好比他們的大腦是一部電腦，只能優先計算當下指派的工作。

如果細究型聆聽者很認真在做筆記，忙著將聽到的一切整理歸類，便可能中斷與說話者的交流。假如細究型聆聽者將視線從說話者身上移開，望向遠方或窗外，也可能讓自己顯得漫不經心。這種做法通常能幫助他們專心，忽略聆聽時出現的任何干擾，但也可能無意間造成負面影響。

如果你認為自己因為認真做筆記、因為臉部表情，甚至是姿勢，而看起來漫不經心，可以嘗試為說話者設定期待：

- 如果你和新同事、新客戶或新的合作夥伴開會，可以先告訴他們：「我等一下會一邊做筆記」或「我習慣一直抄筆記，先跟你說一聲」。
- 如果在講者演說或主管發言前，先向對方說明你的習慣會很尷尬或不適合這麼做，可以在聆聽時刻意暫停做筆記，以眼神接觸，並透過點頭或微笑等非言語行為來表現你一直參與其中。
- 經常合作的同事或許早就知道你的習慣，但在定期會議時，再次說明你的行為或對他們微笑一下，也沒什麼壞處。

給細究型聆聽者的肯定

即便細究型聆聽者也有一些事需要注意，他們深入思考和發揮好奇心的能力，仍可讓所屬組織受益良多。細究型聆聽者喜歡保留空間，仔細聆聽細節，並會不斷確認話題內容，藉此產生信心，確定自己掌握整個互動內容。這類型的聆聽者還可能幫助整個群體建立同樣的信心，因為其他類型的聆聽者可能會將內容先擱在一旁，優先重視他人感受（如同支持型聆聽者），或一心快速推動進度（如同推進型聆聽者），或將重點都放在有問題的部分（如同判別型聆聽者），這時，細究型聆聽者的能力就能發揮很大的作用。

如果你不是細究型聆聽者，也可能對這些特徵和注意事項很有共鳴。或許你也會為了處理資訊，而忙著逐字抄錄，或將視線從說話者或整群人身上移開。在第11章〈調整為細究型〉，我們會說明如何判斷採用細究型風格的適當時機，以及如何有效運用此類型的技巧，以利繼續精進。

不論自己是否屬於細究型，都可以想想看，身邊有沒有同事可能屬於這一類？

- 每次覺得自己漏掉了什麼資訊，你都會去問誰？如果有這樣的人可以問，請想一想，你是否造成對方很大的壓力？並請思考如何調整向對方求助的頻率。
- 開會時，是否有同事常提出一大堆問題來蒐集更多資訊？如果有，請感謝這位同事幫助大家學習與成長。
- 有沒有誰會常常確認別人說了什麼話，並可能因此拖慢對話進展？如果有，請重新看待這樣的舉動，理解對方是出於好意，而且這樣做也很有好處。

● 你是否曾因哪位同事在對話時走神，而覺得心浮氣躁？如果有，請理解這位同事的情況，或許對方也很努力要專心聽你說話。

細究型聆聽者可以為團隊和組織呈現事物的全貌。每當你需要釐清或確認某些事，或許就能尋求這類型的人協助。若越能辨認出身邊有哪些細究型聆聽者，就越懂得欣賞他們為互動帶來的深度與完整。

細究型聆聽者不時就會拖慢整群人的速度，下一章要談的判別型聆聽者也是一樣。不過，其中的動機可真是完全不同。

CHAPTER 6

判別型
順勢傾聽
風格

判別型聆聽者在傾聽時會優先對內容進行評判。不論別人在說什麼，判別型的聆聽者都會以批判之耳來接收這些資訊，他們首要之務就是確認整個概念、計畫或專案可以成功。

再次回想一下第2章的「早晨會報」，然後直接跳到四種選項：

選項1：我會感謝專案主持人辛苦整理好這些資訊。

選項2：聽完這些資訊後，我會指出應該現在先做哪些工作。

選項3：聽完這些資訊後，我會急於想知道更多細節。

選項4：我會就對方分享的資訊，評估其中的利弊得失。

判別型聆聽者最常選擇選項4。

判別型聆聽者還是有可能肯定說話者的情緒（如同支持型聆聽者）、推著別人或專案進度向前走（如同推進型聆聽者），或尋求更多詳細資訊（如同細究型聆聽者），但差異在於，他們往往是為了聽出哪些部分可能出錯，或哪些部分還需要多思考評斷，而仔細聆聽。

讀者在閱讀以下的判別型聆聽者特徵和注意事項時，可能會發現這些行為有點自己的樣子，但只要遵循本章的建議，就能正確運用自己的傾聽風格。如果閱讀說明後，發現自己不太能用這樣的方式傾聽，也可多留意這類型的聆聽者在職場互動中如何發揮所長。

判別型聆聽者的特徵

在進行順勢傾聽訓練時，有些人會問及判別型聆聽者和推進型聆聽者的不同。其實，有些傾聽者同時以推進型和判別型為雙主要風格。如果傾聽者有這兩種主要風格，一般來說會很快判斷出「哪些地方有用、哪些地方沒用」並且跳到「接下來該怎麼做」。

但是，對於只有一種主要風格的傾聽者來說，兩者主要的差異是：判別型聆聽者善於找出問題，目的是再三確認某個概念，並從各個角度加以評估。推進型聆聽者則善於解決問題，意在實踐解決方案或後續步驟。

請設想有兩位經理在聆聽一種針對全新應用程式的產品簡報，這個應用程式宣稱能讓行銷團隊更輕鬆地合作進行內容創作。兩位行銷經理都任職於同一家公司、同一個團隊，同事組成也相同，差別僅在於其中一位是判別型聆聽者，另一位則是推進型聆聽者。

推進型聆聽者與判別型聆聽者的比較範例

腦中可能出現的想法：	聆聽者類型	可能說出的回應：
我知道團隊裡有哪些成員可能更受益於這個應用程式。我聽到的資訊夠多了，可以決定了。	**推進型聆聽者** 偏好的傾聽方式 **以推動進度為優先**	「請舉個例子，說明實際『合作』方式。」「如果我們採用基本方案，那之後要怎麼升級？」
	VS	
這個產品可能不符合我們的需求。我很懷疑，這位銷售人員適合跟我們合作嗎？	**判別型聆聽者** 偏好的傾聽方式 **以進行評估為優先**	「你好像還沒提到這個應用程式要怎麼運用人工智慧。」「我發現你們的應用程式有一個功能跟我們用的不一樣。為什麼這個功能會更好？」

儘管判別型聆聽者善於找出問題，卻不表示他們一定知道如何提出解方。反過來說，推進型聆聽者雖然總是能提出解決方案，準備好往前踏出下一步，也並不表示他們總能在行動前先好好評估解決方案是否可行。當然，如果是順勢傾聽者，就必須在適當的情況下，同時採取判別型聆聽者和推進型聆聽者兩者的做法。

做個小結：判別型聆聽者通常會①擁抱評判標準，②並考慮替代的想法或方法，藉此優先對事物進行評估。

判別型聆聽者樂於擁抱標準

判別型聆聽者堪稱是專業評鑑家，因為他們總是在用一套標準看事情。他們不會超脫預設立場來傾聽，而是會拿新資訊和既有規範相比。有時這樣的標準確實存在，例如某組織建立的評鑑基準、專案訂下的考量因素，或某人採用的標準。確立之後，判別型聆聽者就會以這些標準來評判耳中所聽到的資訊。

以下就藉由妮可身為判別型聆聽者的經驗，深入探索一下。身為領導人口語表達教練，她會為許多企業主管進行一對一訓練，指導他們培養口語表達技巧，並為接下來的重要發言時刻做好準備。對於怎樣算得上是表達技巧優異，她心中自有一套看法，也從不懷疑，因為她會以杜爾特建立的標準來評估說話者的表現：優秀的說話者應該態度自在、積極主動且具同理心。這每一項特徵都各有一連串可觀察的對應行為表現，並可用五點量表評量。

但是，假如不存在既有標準時，又該怎麼做？比方說，有位朋友想在面試時提出一些例子，便徵詢她的看法，或有某位企業主管必須向董事會報告，而向她尋求意見。在這類情況，妮可往往會問對方：「你認為成功的話，應該是怎麼樣？」或「你想聽到什麼樣的意見？」藉此嘗試迅速建立出一套標準。

如果雙方或所有人都同意她建立出的標準，對方就更可能接受她的回饋。有時，妮可會就標準提出建議，比如聆聽朋友對面試問題進行模擬回答時，她可能會請對方提供一份職務說明，並與模擬回答相比較。她會希望確認朋友的回答符合職務說明列出的技能要求，再根據一套標準：「我朋友的答案必須展現出自己非常勝任這份工作，不只是剛好達標」，來給對方回饋。

判別型聆聽者很清楚建立標準有多重要。在理想的情境中，他們會確認每個人都瞭解並同意這些標準，因為所有參與者都準備好接受意見後，意見回饋才更能發揮作用。但若無法取得共識，判別型聆聽者就會在腦中自行建立標準，據此對事物進行評估或評判。

判別型聆聽者會考慮替代方案

判別型聆聽者不僅樂於擁抱標準，藉此進行評估，也會思考及建議替代方案，確認說話者或群體已考慮最佳選項。有時，這類型的聆聽者會被貼上「魔鬼代言人」的標籤，因為即使他們本身不反對某個想法或計畫，也可能出言抵制。在別人的眼中，他們也可能顯得咄咄逼人或驕傲自大，但實際上，判別型聆聽者的目標並非主張自己提出的構想或計畫更高明，只是想確認所有可行選項都已充分探討。

若說話者或群體尚未好好探索或思考其他想法，判別型聆聽者的這個特質便顯得可貴。撰寫本書時，梅根（推進型聆聽者）有幾度都卯足全力鑽研一個點子。她腦中會冒出理論或故事情節，然後立刻開始動筆，打算寫進章節內文。但這時，妮可（判別型聆聽者）往往會說：「先別急，確定這個是最好的嗎？」

判別型聆聽者之所以老是在原地打轉，也是因為他們很清楚，最快速或最簡單的方法未必是最好的，因此不怕扮黑臉，只想確認已經找出最適當的解決方案。

給判別型聆聽者的注意事項

既然判別型聆聽者一心一意在打分數，便時常能發現風險、找出優勢，進而維護專案、流程和計畫的進行，並提高成果品質。但如同其他類型，判別型聆聽者也可能惹出一些麻煩。

判別型聆聽者急於揪出潛在問題的特質，有時不僅會中斷進度，在整個團隊都已準備好繼續前進時，更可能顯得在扯後腿。這類聆聽者也可能不斷嚴詞批評，或持續表達負面意見，而讓說話者或其他團體感到挫折或不快。如果以下注意事項的敘述看起來跟你有幾分像，你可能就是個判別型聆聽者，那麼有時不妨克制一下自己，或許結果還不壞。

判別型聆聽者可能會拖住進度

如同細究型聆聽者可能沉迷於蒐集細節及尋求確認，因此拖延整體進度，判別型聆聽者也可能在其他人都準備好往前走時，還沉浸在評估好壞中，而拖累眾人。即使出發點很好，過多批判的評論仍可能激怒他人，尤其是評論或判斷好壞的適當時機已過時，更是惹人怨。

比方說，有一群廣告創意人員在開會：平面設計師阿睿是位判別型聆聽者，正和同事塢拉（文案人員）與麥特（美術指導）討論。團隊正在為一位長期合作的客戶規劃宣傳活動，要行銷他們製造的高階清潔設備。三人針對內容版本討論了好幾輪，已在為最終審核版收尾，完成後就可以給客戶看了。

塢拉：我來講一下我寫的最終版宣傳文案。之前已經討論過，現在的文案採用比較輕快的風格，符合客戶的要求：「沒錯，九〇年代回來嘍。但這不代表您希望家中的整潔程度也復古。那就先暫停回味，讓新一代居家清潔好手Turbo X為您打造乾淨的未來。」

阿睿：塢拉，抱歉打斷一下，但這樣開場真的夠輕快嗎？有符合客戶要的語氣嗎？

塢拉：應該有吧，不然我先往下讀……

麥特：好，上次我們都覺得開頭夠吸引人，但先聽塢拉接下來怎麼寫吧，然後再決定。

阿睿：對、對，沒錯。請繼續。

塢拉：（唸完文案）「Turbo X改寫了風格與功能的定義：不論裝潢走什麼風，俐落、現代化的設計都能完美融入其中，超強大吸力和先進功能可讓居家環境維持一塵不染、清潔溜溜。Turbo X帶您前往美好清淨的新時空。」

阿睿：我不確定這個世代、年代的主題好不好……還有什麼其他點子嗎？

塢拉：（面露困惑）那個，我們上星期已經討論過其他三種了，最後不是決定用這個了嗎？

其實，判別型聆聽者是監督工作的好夥伴，因為他們會為討論中的概念進行壓力測試，確認並非空談。的確，對某個構想或交付項目吹毛求疵，可幫助同事和合作夥伴篩選出真正的好點子，過濾掉不好的。

但是，給人事物打分數，也得視時機和場合而定。若說話者或群體已認定某個概念可行，尤其是大家都已經準備實行時，判別型聆聽者還執意要說：「等等，不然這個怎麼樣？」或「有人考慮過這個嗎？」或「我比較喜歡（或不喜歡）這個，因為……」也許便會大大打擊其他人的信心。此外，如果判別型聆聽者不斷評估好壞，停不下來，還可能延誤時程，甚至完全錯過期限。

假如阿睿的行為聽起來跟你的習慣很像，請務必想一想，評估好壞的適當時機是否已經過去？請問問自己：

- 對方或整群人是否已達成最終結論？
- 團隊是否已達成共識？
- 先前是否已經有過腦力激盪或構思的步驟？

若以上問題的答案為「是」，就表示適合評估優劣的時機可能已經過了。除非大家都同意的概念或交付項目面臨失敗或某種危害，否則就應當接受多數意見，並根據決策開始行動。

判別型聆聽者的觀點可能太負面

判別型聆聽者除了會拖累進度，也可能顯得態度過於負面，甚至過於挑剔。即便說話者主動尋求回饋意見，實際得到的評論可能也比原先想像更深入許多。判別型聆聽者給的回答也可能聽來太刺耳或嚴厲，因為他們總是在找出該注意的警訊、考慮替代方案，以及可以改善的空間，若表達方式不當，便會導致說出口的評論聽來充滿批評。

判別型聆聽者必須更注意自己是否顯得太嚴苛或出口只有批評。即便評論本身有幫助，也可能被解讀成態度太消極或悲觀。為了對抗可能帶給他人的負面觀感，判別型聆聽者不妨用以下兩種方式弱化批判力道：

1. 以溫暖的語調說話。請避免高聲或快速說話，因為大聲嚷嚷和喋喋不休的聲音，在別人耳中都可能顯得很有攻擊性或過於嚴厲。請改用比較適中的音量、速度放慢一點，甚至可以稍微拉長語音，讓自己聽起來既親切又有好奇心。
2. 請留意自己做出的表情，是否容易讓人聯想到批評或負面意見，例如皺眉或噘嘴。如果你定期參加會錄影的虛擬或混合會議，請透過影片回顧並審視自己的非言語表達方式。如果大多數時候，你的表情看起來都一臉狐疑，請設法調整得中性一點。請在真正質疑某事時，才擺出懷疑的表情。

判別型聆聽者也許還須格外留意傳達意見的「方式」。儘管他們善於找出值得留意的警訊，能藉此保護所屬團隊和組織，但批判力道太強時，也可能顯得過火或太嚴苛，而有損聆聽者的名聲或傷害團隊文化，若屢次發生這類情況，影響更鉅。

給判別型聆聽者的肯定

判別型聆聽者雖然會導致進度停滯，並給人太愛批評或負面的印象，卻也能及早嗅出風險所在，幫助組織避險，還能鼓勵他人或群體從不同角度透澈分析討論中的概念。判別型聆聽者總為了評論而聽，因此能讓整群人產生信心，相信他們討論的構想或方案會經過嚴格檢驗。若其他人太糾結於情緒反應（比如支持型聆聽者會做的）、一心只想往前衝（比如推進型聆聽者會做的），或全盤接受得到的資訊（比如細究型聆聽者會做的），判別型聆聽者便會顯得格外可靠。

若判別型並非你的主要順勢傾聽風格，仍可能在自己身上看到一點影子。在評估某個情況或想法時，你或許便會借助標準來判斷，只是不像判別型聆聽者這麼頻繁或直接。也有可能，有時你會覺得自己收到的意見太負面或嚴詞批評。在第12章〈調整為判別型〉，你就能學到更多方法來培養判別型傾聽技巧。之後，你就能運用這些傾聽技巧，像個判別型聆聽者一樣，在說話者需要這類型的回應時，滿足對方需求。不論你是否為判別型聆聽者，都可以想一想，身邊有沒有同事屬於這一類：

- 你是否發現，有些同事可以比別人更早察覺潛在問題？如果有，請考慮肯定他們為你的職務、你們的團隊或組織帶來的貢獻。
- 如果想找人嚴格審視你的想法，並加強不足之處，你會想起誰？如果有這樣的人，請感謝對方，或用同樣的方式，反過來幫助他們。
- 有沒有誰會拖住群體進度，並堅持要大家更仔細思考所有可能情況？如果有，請記得他們可能也是出於善意，不是故意要拖延進度。
- 有沒有哪位同事常對別人的想法或計畫說出負面評語，因此令你相當不快或焦慮？如果有這樣的人，請重新看待對方的做法：他們可能只是想幫助你避開風險。

找出組織中的判別型聆聽者後，凡是需要有人為你找出值得留意之處，或想請人對你的構想提供不同觀點時，就可以找他們幫忙。瞭解一二之後，你也能更懂得肯定他們批判的話語，對你、你們的團隊和組織所帶來的好處——即使這會增加大家的工作量也一樣。

釐清自己的順勢傾聽風格後，就表示你已踏上成為順勢傾聽者之旅。現在，你不僅更瞭解自己在工作上聽別人說話時，會以什麼方式處理及回應所聽到的內容，具備這樣的知識後，也能據此培養自身的傾聽技巧。

在下一章，我們會再告訴你一組影響因素，並探討這些因素如何影響你的傾聽方式。

CHAPTER 7

聚焦傾聽 L.E.N.S.

除了傾聽風格以外，還有若干其他影響因素會形塑你處理及回應資訊的能力。以你本身和你交談的對象來說，這些因素可能為雙方打造理想的傾聽情境，也可能形成阻礙，防止你成為一個順勢傾聽者。

為了強調這些因素的影響，請先再次回顧第2章的「早晨會報」。不過，這次在思索「早晨會報」情境時，也請考慮以下背景：

雖說這是例行會議，通常也不會帶給你什麼壓力，但請想像今天的情況略有不同：你忙了一整個早上後，才來開會。昨晚，家人打電話通知有緊急情況發生，你花了好幾小時守在醫院、和醫師討論，並協助家人取得必要醫療照護。你堅持確保一切無恙，於是你睡在那張用了二十五年的沙發床上，待在酷熱的室內一整晚。當然，經過一片混亂，你忘了手機要充電，等到進入夢鄉時，電力便告耗盡，害你睡過頭，也來不及先沖個澡再出門。幸好，家人確實已經好多了，只不過現在你匆匆忙忙又一身髒。

以上述額外背景資訊為前提，假如你仍得參加早晨會報，這時會有什麼感受？你的腦中會有什麼念頭閃過？家人昨晚的情況，會如何影響你在開會時的聆聽方式？

現在，先設想一下另一種情況：假設你並不是熬過了雞飛狗跳的夜晚和早晨後，還得參加早晨會報，而是一覺醒來精神抖擻。前一晚你睡得極好，堪稱幾個月來睡得最好的一晚。假如你同樣得參加早晨會報，那又會是什麼感受？腦中會閃過哪些念頭？整個情況會如何影響你在開會時的聆聽方式？

比較兩種情況後，或許你有很不一樣的感覺，因此在「早晨會報」時的傾聽模式也隨之不同。縱使你自己沒有察覺，但整體情況都會影響你的「傾聽 L. E. N. S.」。

「傾聽 L. E. N. S.」是一系列的因素，不同於聽話者本身的傾聽風格，但也會影響傾聽的方式。「L. E. N. S.」中的每個字母各自代表一種因素：

L是傾聽者（Listener），指的是你的心境。

E是環境（Environment），意指傾聽當下的周遭情況。

N是新知（News），代表傾聽時接收到的資訊。

S是說話者（Speaker），也就是和你溝通的對象。

就像拍攝時，可以更換鏡頭（lens）來改變焦距，決定是否聚焦於拍攝對象，L.E.N.S.也可決定你的傾聽是否「聚焦」。若聚焦，就能更輕易調整傾聽方式，符合說話者的目標（你會在第9至12章中瞭解如何調整傾聽方式）。若未將L.E.N.S.聚焦，大概就很難達到說話者的目標，甚至可能想乾脆停止傾聽。幸好，有三種方法可幫助你聚焦L.E.N.S.。

接受你的L.E.N.S.

在工作與生活中，有時要接受無法改變的事並不容易。如果能控制阻礙自己成為優秀傾聽者的每一項影響因素，當然時時刻刻都能成就無懈可擊的傾聽方式。可是，唉，若想掌握這些影響因素，有時也只能從接受現實開始。

請回想本章開頭的「早晨會報」補充背景。現在，你既無法改變家人需要緊急協助的事實，也不能改變那張沙發多難睡，不能早點回家休息、幫手機充電、準時起床，也不能在出門開會前，先好好沐浴梳洗一番。你更不能改變早上得趕去開會的事實。在開始一天工作前，你能做的唯一一件事，就是準備好接受自己的處境。根據研究，若能接受現實，而非鑽牛角尖緊抓不放，對心理健康較有幫助。面臨壓力時，接受事實可讓你感受到較少負面情緒。

要接受未聚焦的L.E.N.S.，涉及四個步驟：指出原因、使用「而且」來描述情況、承認現實，並把握自己能控制的部分。在「早晨會報」的情境，接受未聚焦的L.E.N.S.可能會是這樣的方式：

「我確實沒睡好，還睡過頭，早上也沒先洗個澡再出門。『而且』，我現在真的也不能怎麼樣。我能做的，就是好好參加今天的會議，然後盡力而為。」可以看到，「指出原因」的陳述和「承認」的陳述都和「而且」這個詞有關。使用「而且」，不用意義相反的「但是」，是根據很充分的理由所做的選擇。

在美國紐約執業的婚姻與家族治療師珍妮佛．史杜普斯（Jennifer Stoops）表示：「我常聽到有人說：『我已經盡力了，但我還是不夠好』或『我明明在工作上已經盡了全力，卻還是很失敗』。使用『但是』、『可是』、『卻』等轉折語，會否定這些句子前半部分的陳述。其實，事實是你可以盡了全力，『而且』還是覺得自己不夠好。允許自己擁有超過一種明確的想法，反而能保有解決問題的餘裕，並避免感覺停滯不前又無能為力。」

你可以指出原因，「並且」承認事實（看看我們在前面所做的），因此請嘗試多用「而且」，避免「但是」，再體會這樣的陳述方式讓你感覺如何。或許，這可幫助你接受現況，並獲得繼續前進的力量。

連結處境發生的原因與眼前的現實後，接下來就該把握能控制的部分了。你還是可以選擇是否去開會，由你自己決定。如果去了，你會很累嗎？很有可能。會覺得自己渾身髒兮兮嗎？八成會。但是，對你自己說：「我可以好好開完一場會」，能帶來很大的力量，你能藉此更專注聆聽，也更可能協助說話者達到他們的目標。

你也可以將重新架構後的認知與實際的冷靜技巧互相搭配，比如深呼吸。若認定無力左右自己的處境，感到焦慮不安是很正常的反應，也許你的心跳會加快、手心會冒汗、漲紅了臉或緊咬牙關。這時，做個深呼吸就是以影響生理的方式平心靜氣，來接受無法掌控的事物。

史杜普斯也指出，正念呼吸（mindful breathing）有助於專注於當下。「我們的心智本身是為了引導我們往不同方向前進而養成，呼吸正好能成為一股穩定的力量。」史杜普斯表示：「深呼吸可幫助你重新專注於眼前的時刻，並讓注意力回歸到目標上。這是生物本身的機制，呼吸對於調節神經系統不可或缺，深呼吸則可降低血壓，幫助你掌握當下的心理和情緒狀態，進而專注於現況。」

結合「接受」的思考方法（指出原因、使用「而且」、承認現實並把握自己能控制的部分），再配合深呼吸等平靜技巧，你就能有效掌握自己失焦的L.E.N.

S.。即使在極為艱難的情境，「接受」法也能提供支持力量，幫助你掌握自己的傾聽方式。

表達自己的L.E.N.S.情況

有時，光是接受L.E.N.S.還不夠，無論如何就是很難藉由轉念來聚焦L.E.N.S.。如前所述，假設早晨會報前一晚，你確實遇上了一堆急事，一早起來或許只感到格外疲憊，若還要在工作上好好聽別人說話，簡直是十分為難。

在這樣的情況，可以嘗試第二種方法：說出口。請告訴說話者，你今天可能有點狀況，不太容易專心。可以在互動前，透過訊息釘選或寄電子郵件傳達，若會有一群人出席，也可先請對方借一步說話，告知情況。如果在互動過程中，發現自己的L.E.N.S.失焦了，而且想方設法也難以挽回，便可運用此方法。不論哪一種情況，都可以表達歉意、說明原因，並表達你已盡力而為。

若先表示歉意，就能向說話者或群體傳達訊號，表示你很感謝他們付出的時間，也能帶頭建立彼此理解的互動模式。

表達過歉意之後，接著可以說明原因，就像前面在「接受」法所做的。只不過，這次要說清楚「為什麼」你可能很難專心。在職場上，有很多人只要得到充分資訊，就能展現理性並理解他人處境（如果現在你挑起了眉，很懷疑別人能有多理性，建議接受事實，因為很多人真的會盡可能理性處事。如此轉念之後，或許你也能寬心一些）。說出原因後，就能請他人也理性相待，並理解你所說的理由。

運用「傳達」法後，可以再表達你已盡力而為。畢竟，你總是得去開會。向別人傳達你很努力，也能讓他們比較容易通融及包容。搞不好，他們會乾脆讓你不必進行這些互動，不過這也不是此方法主要追求的目標。如同「接受」法，這裡的目標是更瞭解並控制無法聚焦的L.E.N.S.，因此越瞭解自己遇到的傾聽阻礙，越可能找到焦點所在。

在令人心理上感到安穩的職場關係中，表達出已失焦或可能失焦的L.E.N.S.狀態，其實是非常好的做法。但是，如果你認為有人會反過來利用你的坦白傷害你，或許只運用第一種方法，「接受」自己失焦的L.E.N.S.比較好。同理，若表達歉意、說明原因和表達你已盡力必須讓你冒著很大的風險，只能先接受現況，繼續努力。

改變你的L.E.N.S.

在極少數情況，你可能有機會改變當下面臨的處境，因此不必強迫自己在極為艱困的情況聚焦。在某些狀況下，部分說話者會同意變動，讓你能延後傾聽時機，或改變傾聽環境，進而盡己所能成為最好的傾聽者。若你認為可以使用「改變」法，那麼你需要表達歉意、說明原因、請求通融，並提出替代方案。

在這裡，表達歉意並說明原因的方式，和「表達」法差不多。差別只在於，你也同時根據自身需要，請求通融。在「早晨會報」中，需要的變動就是不必出席會議。在其他情況，你需要的改變可能是重新安排會議日期和時間，或讓別人代你出席等。

除了尋求同意，也可以直接要求改變會議本身，但這麼做就不是用合作的方式與同事和客戶互動了。「請求」比較像是邀請，並將對方放在協助者的地位。若互動無法改期，「請求」也方便對方拒絕取消。不過，也說不定你的同事和客戶會同意你的要求。

如果提出變動請求可能會顯得強勢或逼人，請記得，這麼做是為了你自己的人身安全，並為了能以說話者需要的方式傾聽，而做好充分準備。如果你沒有可以「推行變動」的職權或權限，或許可以先採用「接受」法幫助自己聚焦 L.E.N.S.。

若可以自在請求對方同意變動，或許就能接著針對缺席狀況提出替代方案，例如觀看錄影，或安排後續追蹤來補上錯過的進度。只要確認這樣做能更聚焦L.E.N.S.即可。

不論哪一個L.E.N.S.要件失焦了，採取以上三種方法都有幫助。瞭解如何接受、傳達或改變無法聚焦的L.E.N.S.後，接下來就能進入各要件的說明了。

傾聽者（Listener）：L.E.N.S.的「L」

L.E.N.S.的第一項要件就是傾聽者。換句話說，就是你自己。不論私生活或工作中的影響因素，都可能左右你傾聽的能力。在工作分內分外，你往往還得承擔其他責任、有其他重視的人和活動，有時便可能導致L.E.N.S.失焦。評估L.E.N.S.的「傾聽者」要件時，請考慮進入互動時的心情，以及有多少時間可貢獻於傾聽。

請考慮自己的心情

許多因素都可能影響情緒，讓你無法以聚焦的L.E.N.S.傾聽。例如，二〇二三年初，北美太平洋西北地區發生土石流災害，因災情慘重，影響到日常生活，很多人都為此焦慮又緊張。

在順勢傾聽訓練時，有位同事便分享，當時某一天他一醒來，看見燈光閃爍，便知道那天開會時別妄想安心聽其他人說話。他憂心忡忡，因此很難專心做事，也無法按時間完成進度。他的處境完全可以理解，但面臨這樣失焦的L.E.N.S.，也會為他當天互動的每個人帶來骨牌效應：如果這位同事不能全心投入工作上的互動，便可能拖慢會議進行，並延遲各種時間安排。

幸好，他採取了一個明智的決定，就是表達自己的狀況，藉此將L.E.N.S.重新聚焦。在當天每一個會議開場時，他都會先表達歉意、說出實際遇到的情況，並表示他已盡力而為。

藉由告知同事自己發生的情況，這位聆聽者不僅能鬆一口氣，也為其他人帶來一份禮物：他們也有機會說出自身處境，坦承自己也因暴風雨本身和天災對家中、家人和同事的影響而難以專心。由於這位聆聽者選擇公開表達自己的感受和想法，也連帶讓其他人有機會全心投入每次互動中。

但是，即便心情不壞，也未必不會造成L.E.N.S.失焦。或許，你因為得到升遷或剛完成一筆大交易，內心正雀躍無比。也或許你今晚有約，或明天就要開始渴望不已的假期，因而心曠神怡。

舉個例子：在妮可指導某企業的全球業務主管期間，有一次，這位客戶突然用完全不同以往的方式開始上課，讓她非常意外。這位主管往常都會以直截了當、公私分明、不話家常的心態來進入互動。但這一次，客戶竟主動提起女兒獲得了一份在小學的教職，學校就位在妮可紐澤西老家的小鎮上。

這個好機會讓這位老爸既驕傲又興奮，妮可又剛好有地緣關係，他便覺得在上課前非分享喜訊不可。其實，在情緒太激動、急切或毛躁時，反而很難好好聽別人說話。假如這位客戶硬是壓抑自己的情緒，反倒會影響他運用傾聽能力，不能好好聽妮可指導，也無法吸收她給的意見。正由於他採取了「表達」法，才能聚焦L. E. N. S.，幫助自己投入當下情況。

想一想，你有多少時間可以傾聽？

請想像以下情境：今天，你第一次打開了工作行事曆，並發現下午四點半要和一位喋喋不休的下屬開會。這個人是團隊中最菜鳥的，總是充滿活力，且很樂意向你討教。其實，你很敬佩下屬如此充滿熱忱，又積極追求專業方面的發展，因此只要時間允許，你往往很樂意傾囊相授。

但是，今天下午你得趕去幫好友接機，因此必須五點準時打卡離開。一想到這位下屬大概很難五點就準時放你走，你便對今天要開會聽對方說話，感到焦躁不已。

這時，你有以下選擇：

- 你可以接受下屬過了五點還繼續討論的事實。在這樣的情況，你可以告訴自己：「這個會就是會超時，一定來不及接朋友了，『而且』我現在也不能怎麼樣。」接下來，可以再和自己說：「我現在『可以』做的，就是好好幫助這位主動向我徵求意見和指導的下屬。」
- 你可以在會議剛開始時，便表達你在五點開完會之後，接著就要趕去機場。這麼做可以向對方預告，你的L.E.N.S.可能會失焦，因此顯得比較不專心。此外，還能更清楚劃出界線，強調今天的一對一會議結束時間。
- 你也可以改變會議進行方式。假若你很確定下屬一定會超過預定的一對一會議時間，而你也想滿足對方的需求，那不妨改變會議本身。可以將會議挪到其他時間，更有利於你深入討論並專心聽對方說話。

環境（Environment）：L.E.N.S.的「E」

下一個L.E.N.S.要件是傾聽時所處的環境，包含整體配置、其他一同傾聽的人數，以及在一天中所處的時段。閱讀以下說明和情境故事時，請記得：瞭解並掌握環境對傾聽的影響，可幫助你達到說話者的需求。

考慮整體配置

你是否在一個忙碌、嘈雜的辦公室上班？或者公司裡老是空蕩蕩，偶爾才有小貓兩三隻？如果在家工作，是否已打造出理想辦公空間？或者，你還得努力一番，才能在鬧哄哄的家裡挪出一方個人天地？你是否經常在飛機、火車和汽車上完成工作？或許，每種情況都來一點？不論傾聽環境的實體配置如何，都可能讓聚焦L.E.N.S.變得更輕而易舉或困難無比。

在各產業，員工對於理想的傾聽環境配置各有不同意見與反應。有些人在面對面交談時，聽得最專注清楚。有些人則喜歡透過網路互動。他們認為，身在居家辦公室等可以自行控制的空間，感覺比較自在，也更容易專心聽別人說話。此外，在虛擬會議中，他們只需要露出上半身，不必從頭到腳都打理好才能去上班。不過，也有人喜歡一邊移動一邊聆聽，他們表示，無論旅行途中或到附近散步時，都更能投入傾聽。

或許，比起其他方面，你在某些方面當一個順勢傾聽者更得心應手，但實際上，你總得在不同情況中傾聽。

假若發現自己身處不理想的傾聽環境，可嘗試以下改善方法，看看哪個最適合自己：

- 接受這就是個不理想的環境，並努力聚焦。
- 表達你並不喜歡這樣的環境。誠實相告，並請說話者體諒，多給點耐心。
- 主動改變環境配置，或徵求說話的人同意，詢問能否改變。

不論使用哪一種方法，都可掌握情況主導權，並做好準備，成為更優秀的傾聽者。

考慮傾聽者人數

你可能聽過這樣的說法：「笑聲會傳染。」其實，對某些人來說，傾聽也會。本書所提及的一些情境都是一對一互動，只涉及說話者和聽話者。在其他情況，則會有一群傾聽者，你只是其中之一。有一些人可能因為別人在場，而狀態更佳。請設想以下情境：你坐在一個大型演講廳，台上有一位客座講者正在進行主題演講，分享她攀登聖母峰的艱辛之旅。你周遭的每一位聽眾都全神貫注，專心聽講。

珍奈就身在這樣的一群聽眾之中。她發現，如果自己處於一大群人之間，就比較不會有回應的壓力，也更能充分聚焦L. E. N. S.。班的情況卻相反。他也在同一場演講，卻因為聽眾人數眾多，而感到自己很渺小。每當他隱沒在一大群人裡，往往會覺得L. E. N. S.很容易失焦。接下來是詹姆斯。只要他身在一群人中，就會開始觀察眾人的一舉一動。即便詹姆斯努力想吸收當下聽到的資訊，也因為周遭的人都分心，導致他也無法專心。

不妨留意一下，傾聽者的人數對你的傾聽狀況有何影響？接著，再從接受、表達或改變等方法中，選擇最適合自己的一種來善加運用。

考慮傾聽時機落於一天中的哪個時段

在L. E. N. S.的傾聽者要件中，考慮傾聽所需時間也非常重要，因為時間不夠便可能導致L. E. N. S.失焦。在環境要件方面，則必須考慮另一項時間因素：傾聽的時機。

本書兩位作者都是晨型人。通常，兩人在早上的工作時段都比較有活力、精神好，也更能專心聆聽。但是不論是早鳥還是夜貓，每個人在工作時都無法選擇理想的傾聽時機。

身為全球溝通顧問，我們常必須指導身在不同時區的客戶。美國的客戶比較容易安排，通常時差頂多三小時，還算好協調。但有一次，妮可連續好幾個月都必須給一位在日本的客戶上課，由於雙方時差（妮可住在紐約），她只好將課程安排在美東時間晚上八點。也許夜型人晚上一條龍，但身為晨型人，妮可知道，在這麼晚的時間，她的L.E.N.S.八成會失焦。

在這樣的情況下，妮可無法運用改變法來調整會議時間，因為客戶的行事曆也很難配合。若要用表達法，也有失專業，她可不想告訴一位大型科技公司的主管，說她只因時段不理想就不能好好聽對方說話。看來，最好的選擇就只有接受了。

後來，在每次上課前，妮可都會告訴自己：「現在對我來說很晚了，我真的很累沒錯，因為我不是夜貓子，『而且』無論我做什麼都無法改變事實。我就是得工作。所以，我要做個深呼吸、喝杯義式濃縮咖啡，成為專心投入的好老師，符合客戶的期待。」光是接受L.E.N.S.已經失焦的事實本身，就能幫助妮可進入狀況，並好好上完整堂課。

不論你在早晨、午間或傍晚，甚至等同事都進入夢鄉，才能發揮更高的專注力，都不免得在不利於自己的時段傾聽。如果情況允許，可以改變互動時間，做好成為順勢傾聽者的準備。如果無從改變，也無法表達自己的狀況，那就乾脆接受現實，如此反而更能聚焦L.E.N.S.。

新知（News）：L.E.N.S.的「N」

下一個L.E.N.S.要件是「新知」，也就是說話者分享給你的資訊或內容。依新知的陌生或熟悉程度、複雜程度，以及與你切身相關的程度而定，對傾聽品質的影響也各有不同。閱讀以下說明與情境故事時，請想一想：新知這個L.E.N.S.要件會以何種方式聚焦與失焦？

考慮資訊有多新鮮

也許，你先前從未發現，但其實在傾聽時，你並不會對聽到的所有新知一視同仁。你很可能會依據資訊聽起來有多新穎或新鮮，而使用不同方式去聽。對於熟悉的資訊，大腦會形成一個框架。在傾聽熟悉的字詞和概念時，你可以快速連接腦中每一個分散的點。對於某些人來說，不論有意無意進入「左耳進右耳出」的狀態時，大腦都不必再費力理解別人說的話，因此傾聽就比較失焦一點。至於其他人，處理熟悉的資訊更容易進入狀況，反而能更加聚焦。

但是，對於新資訊，大腦就不能再依賴相同的框架來處理。在某些情況，有一些傾聽者會變得極為專注，以免錯過任何資訊，其他人則會因為聽到新資訊而憂心忡忡，擔心不能理解或記在腦中。這樣的焦慮和壓力便可能導致L.E.N.S.失焦。

請想一想，比較自己在聽到熟悉的資訊和新資訊時，感覺有何不同？你是否在其中一種情況比較容易失焦？如果有此情況，可以設法聚焦L.E.N.S.。

考慮資訊的複雜程度

L.E.N.S.中的「新知」也可能在資訊複雜時影響你能否聚焦。即使是同樣的新資訊，複雜程度也因人而異，因為每個人對資訊涉及的主題精熟程度不一。某些傾聽者會在聽到複雜的資訊時焦慮不安，害怕自己無法理解。這些傾聽者可能必須非常努力，才能在這樣的情況聚焦L.E.N.S.。其他人則可能因此興奮不已，因為處理複雜的資訊就像解開一個有趣的謎題一樣。

但是，對於其他傾聽者來說，假如資訊過於複雜，便可能因內容似乎已超出能充分理解的範圍，因此無法專注，也難以吸收。

來看看維拉的例子：維拉是位企業軟體銷售人員，正與一位新客戶開會，對方是某企業的技術長（CTO）。維拉可輕易理解這位CTO提出的需求，原因在於她是位資深、經驗豐富的銷售人員。也許她自己沒發覺，但其實她並沒有那麼專心在聽客戶說話，因為對她而言，這些資訊聽起來不夠複雜，不足以吸引注意力。

但假設這位CTO多補充了一些問題的細節，超出維拉意料之外呢？假設對方表示，以目前他們使用的系統而言，他們需要特定的功能——突然間，維拉便會發現，剛才自己比想像中更不專心。因此，她便採用「表達」法。

「請問，能不能再多解釋一下你在找什麼功能？一開始說的問題聽起來很簡單，但我想知道你們有什麼特定需求，再看看能否解決。麻煩再多說明一下你們目前的系統。」對維拉來說，這個說法很婉轉但有效，可以表達出她漏掉了一些重要資訊與遺漏原因，同時又能製造第二次傾聽機會，讓她能更仔細地聽。

L.E.N.S.聚焦成功。潛在危機也躲開了。只要能更留意自己接收複雜資訊的方式，就能運用接受、表達和改變的方法，來確實聚焦L.E.N.S.。

考慮資訊的切身相關程度

L.E.N.S. 新知要件的第三項，也是最後一項考量，就是資訊與自己切身相關的程度。若聽到的資訊對自己沒有直接或立即的影響，對某些人來說，就很難專心去聽。但是，在職場傾聽時若習慣一心多用或左耳進右耳出，很可能會錯失和自己有關的細節。

其實，無論如何你都應該好好聽對方說話，原因有二：首先，如果你連聽都不聽，就毫無同理心可言。其次，如果停止傾聽，就可能錯過重要的資訊。

即使聽到的新資訊看似和你無關，也請盡可能避免恍神。如果你發現自己開始神遊，請想一想有哪個方法可幫助你回到順勢傾聽的方向。儘管當下聽到的資訊和自己無關，是否應該為了同理對方，而接受事實專心聆聽？或者，發現自己無法專心時，是否應該坦白告訴說話者，並請對方再說一次？或者，是否應該開口要求改變互動方式，例如請說話者換個方式討論相同的主題，讓內容聽起來和你更有關係，或乾脆告訴對方，你可能不方便再繼續聽了？這麼直接可能不太有禮貌，但在當下情況，或許誠實對說話者來說才是最好的。

說話者（Speaker）：L.E.N.S.的「S」

L.E.N.S.的最後一個字母S代表「說話者」（Speaker）。不論你和說話者兩方之間是否存在某種地位或權力差異，或你對他們本身有偏見，說話者本身都可能影響你在傾聽時能否專注。要承認L.E.N.S.的說話者要件失焦，可能很不容易。你可能相信（或想要相信）自己對於每一個和你說話的人，都給予同樣的注意力，但也許事實並非如此，除非設法聚焦L.E.N.S.，否則一定會「大小耳」。

考慮他們的角色

如同其他L.E.N.S.要件，「說話者」在每次互動中對傾聽者的影響都不同。你和說話者扮演的角色差異，就是影響能否聚焦的一項重要因素。在聽老闆說話時，你是否總是一樣專心？對下屬呢？對客戶呢？對同事呢？對投資人呢？也許，你對每個人投入的程度都不一樣。

在聆聽主管、主管團隊成員，甚至是有購買決定權的顧客或客戶時，你的L.E.N.S.都會好好聚焦，因為和這些人互動失誤的風險感覺很高。但是，你也可能因自己和說話者之間的地位差異而緊張，導致L.E.N.S.失焦。

哈寇博是一位行銷企劃人員，對「說話者」這個L.E.N.S.要件的影響，正好頗有心得。他在擔任此職位兩年多時，某一天，公司行銷長找他合作進行一項專案。他很景仰這位主管，事實上，這位行銷長的領導風格正是他當初加入該公司的主因。

「然後，第一次開會討論時，不論她要求什麼，我都點頭說好，所以進行得很順利。」哈寇博說道：「開會時，我很積極又很興奮，但事後走出會議室時，卻覺得很茫然，不知道接下來怎麼辦。開會的當下，我還以為自己很專心，其實根本差得遠，我已經因為她的主管權力和資歷，還有我求好心切的壓力而分心。」

請務必想一想，自己在聽地位較高的人說話時，L.E.N.S.要件中的「說話者」會如何失焦。但瞭解自己傾聽同事、下屬或外部相關人士說話時，L.E.N.S.有何變化，也同樣重要。你和說話者之間的權力地位差距，可能影響互動失敗的風險高低，進而影響你能否聚焦。

在更瞭解說話者的地位會影響你的傾聽情況後，或許可以效法哈寇博的做法，運用改變法來改善後續的會議情境。在發現每次與行銷長合作時，他的L.E.N.S.「說話者」要件都很容易失焦後，哈寇博便提出了改變的要求：他請行銷長同意將未來的虛擬會議錄影，這樣一來，如有需要就能回頭再聽一次。得知可以錄影後，他就不那麼擔心會漏掉資訊了。既然哈寇博能改變未來處境，更加聚焦L.E.N.S.，希望你也能辦到。

你對他們的印象也會有影響

你對某人的印象很可能影響你能否專心聽他們說話，也許你有時並未察覺此事，但這一點非常重要，請務必培養自覺，才能察覺你對職場上的互動對象有何看法和感受。所謂對他人的「印象」其實一眨眼便形成了。傾聽的一方對說話者的印象，可透過光環效應（halo effect）和尖角效應（horn effect）的認知偏見，影響傾聽者的專注程度。

早在一九二〇年代，心理學家桑代克（Edward Thorndike）就發表一篇論文，題為〈心理評價的恆常誤差〉（A Constant Error in Psychological Ratings），該研究進行了一項實驗，請一群美國陸軍指揮官評價麾下士兵的體能、聰慧程度、性格與領導能力等特質。桑代克發現，若軍官在某一領域給予士兵高評價，對於同一位士兵的其他特質，很可能也評價偏高。對於評分偏低的士兵，也出現相同的模式：若某位士兵在某一領域得到的評分偏低，則其他領域同樣評分偏低，兩者具有高度相關性。桑代克認為：「人在認定某人整體而言較優秀或平庸後，在評價同一對象的其他特質時，便會套用此等概括的感受，因而對他人的評價會受此種明顯傾向影響。」

請想出一個工作上遇過的人，你很欣賞對方，雙方也處得特別好。請想像這個人頭上有一圈象徵性的金色光環。現在，請再想像此人犯了個小錯。或許，你會在腦中給這樣的負面事蹟「打折」，甚至乾脆當作沒發生。「只不過是個小問題，這不影響我對他／她的評價。」但是，請千萬小心，可別因為光環效應，而一味相信對方，給予超出他們應得的包容。

與「光環效應」相反的現象就是「尖角效應」。想一想，你是否不想和哪個人一起工作？有沒有誰總讓你日子很難過？你會不會避免和哪個人互動？如果你對某人形成了不好的印象，或許就很難假裝看不見這些不討喜的地方，彷彿對方頭上「長著惡魔的角」一樣。現在，請想像這個人也和你眼中「頭上發光」的人一樣，犯了相同的小錯誤。只不過這次，你可能就無法視而不見了。

在應對同事與客戶時，過去的經驗的確可提供寶貴資訊，完全忽視這些資訊並非明智之舉。但是，也請盡可能不要一味依賴這些過往的經驗和印象。否則，可能就無法配合說話者的需求，甚至可能傷害職場關係。

L.E.N.S.的綜合影響

假使你有超過一項L.E.N.S.要件失焦，便可能對傾聽品質造成累積的影響。比如說，你心情不佳，「又」趕時間，「也」不習慣早起工作，「而且」聽到的資訊對你來說並不新鮮，「更何況」說話者會對你產生尖角效應，那麼，在這樣的情況下要當個順勢傾聽者，好好幫助說話者達到目標，可還真是一大難題。

因此，在互動之前或互動當中，請在心中默默檢查每一項L.E.N.S.要件。問問自己：「關於我自己（傾聽者）的某種因素、這個環境、這則資訊，或這個說話的人，有可能會讓我很難成為順勢傾聽者嗎？」如果答案為「是」，就請運用接受、表達或改變法來減少困難。

如果仍然很難達到說話者的目標，尤其是在閱讀第9章至第12章介紹的技巧後，還是辦不到，那麼你可能陷入了L.E.N.S.失焦困境。若是如此，請參閱下圖，並評估究竟是哪一項L.E.N.S.要件可能影響了順勢傾聽狀態。

檢查自己的L.E.N.S.

傾聽者	• 我的心情如何？ • 時間因素會影響我的傾聽能力嗎？
環境	• 這是我的理想傾聽狀態嗎？ • 傾聽的人數會對我有什麼影響，而導致L.E.N.S.失焦？ • 傾聽的時段對我的專注能力有影響嗎？
新知	• 這些新資訊對我來說有多新？ • 這些資訊的複雜程度會影響我，讓我更專心或更不專心傾聽嗎？ • 新資訊與我切身相關（或無關）的程度，會導致我無法專心傾聽嗎？
說話者	• 這個人相對於我所扮演的角色，會影響我能否聚焦嗎？ • 我對他們的印象會干擾我能否清楚且發揮同理心地傾聽嗎？

請記得：對自己的L.E.N.S.越有自知之明，就越能控制。某些L.E.N.S.要件可能永遠不會影響你傾聽的能力，有些要件則會在特定情況發揮影響力，另外一些則可能經常或不斷成為傾聽的阻礙。不過，只要瞭解自己，就能獲得很大的力量。

請檢查自己的L.E.N.S.狀態，並繼續調整傾聽方式，好幫助說話者達到目標。

CHAPTER 8

達到
順勢傾聽
目標

順勢傾聽目標

現在，你已更瞭解自己目前的傾聽方式，接下來，本書第二部分會協助你將傾聽視為目標導向的活動來進行，你也將在其中扮演要角。

每一次，只要有主管、同事、下屬、顧客、廠商、分析師或顧問對你說話，都代表他們想設法達到某種目標。沒錯，每一次都有。如果你在想，在工作上傾聽別人說話時，到底要怎麼判斷每一個人的目標？那麼，請回顧本書第1章內容，或許能有點方向。

好消息是：在每一次的職場互動中，都只會有四種可能的傾聽目標。更好的是：這四個目標可以直接對應四種順勢傾聽風格（支持型聆聽者、推進型聆聽者、細究型聆聽者和判別型聆聽者），所以不必再學一組新的目標。

不僅如此，有時候，你的順勢傾聽風格可以完美對應順勢傾聽目標，所以可能根本不必調整。只要運用自己最拿手的傾聽風格，就能幫助互動對象達到他們的目標。

最讚的大概是：你可以用接下來四章提到的技巧，判斷調整傾聽方式的時機與方法，進而協助別人達到目標，而且不論他們的目標是否與你相同都適用。

在工作上有人與你交談時，他們可能需要你傾聽並支持、傾聽並推進、傾聽並細究，或者傾聽並判別。請見下表對各項目標的簡要說明。

順勢傾聽目標	說話者需要你做的
傾聽並支持	滿足情緒需求
傾聽並推進	推動人員、專案或流程的工作進度
傾聽並細究	理解並記住內容
傾聽並判別	對資訊進行評估

在每一次必須聆聽他人發言的職場互動中，不論是一對一交談、一小群人，或身在一大群聽眾裡，都適用順勢傾聽目標。不管對象是同事、顧客、客戶或廠商，或主管、同儕和下屬，同樣可以套用。有時，你很熟悉說話的人，有時則是和

剛認識的人對話。有些時候，你得和對方來回討論，其他時候，則可能不宜多話（但仍可能透過非言語方式表達，比如眼神接觸、點頭或微笑）。

這些目標就是說話者需要你藉由傾聽來做到的。說話者可能很明顯需要你運用某一種傾聽方式，此時就能輕鬆配合。例如，某位主管需要你進行專案的後續步驟，你也有時間和足夠的專業知識處理，那麼你就能做到「傾聽並推進」。

在其他時候，對方或許很清楚自己「想要」你做什麼，但你知道這不是他們真正「需要」的。比如有位下屬希望你能解答某個問題（「傾聽並推進」），但你知道，如果幫助他們自己找到答案，會更有利於他們的發展（「傾聽並判別」）。又或者，有位同事經歷了很糟的一天，正在發牢騷。同事自己可能沒發覺，但你知道他們需要你「傾聽並支持」，而非「傾聽並細究」，追問其中的細節。

考慮到工作時往往步調快速、變化不斷，別人通常也需要你在會議、對話或簡報結束前，就能達成至少一個目標。你可能會想：「等一下！我怎麼知道他們需要什麼?!」別擔心。讀完第9至第12章後，就會知道答案了。

擔下這個責任

進行順勢傾聽訓練時，學員會問：「為什麼我要負責判斷說話者有什麼目標？」他們也會質疑：「不能直接問對方需要什麼嗎？擅自假定別人的想法不太好吧？」這兩個問題都很好。

不過，也別忘了，在工作時，你可能有超過一半的時間都得聽別人說話，擔任主管的人所花的時間往往更多。此外，商業溝通經常會快速進行，所以每次互動時，你不太可能有時間先問：「等等——開始討論之前，可以先告訴我，你到底需要什麼嗎？」或者，你要打斷台上的講者、在部門開會時正在發言的執行長，或是第一次見面的客戶？就只為了想先問清楚他們為什麼需要你聽他們說話？不停確認不僅拉低效率又尷尬，況且在學會順勢傾聽技巧後，也沒有必要這麼做了。

優秀的傾聽者會擔下判斷的責任，你可以負責找出上司、下屬、同事和客戶需要你透過傾聽來做什麼，藉此也創造流暢的互動，滿足對方的需求。此外，乍然問別人「你希望我在這次互動中成為什麼樣的傾聽者？」對方可能也不知從何答起。

不過，即使要承擔責任，也不代表得記下後續幾章的所有情境和技巧，只要能訓練自己思考：「在這次互動中，說話者需要我做什麼？」這樣就很夠了。接著，你的答案會是四種順勢傾聽目標之一。只要養成習慣，在工作中的互動都能完成這個問答流程，就實踐了順勢傾聽。

準備好精進技巧之後，在接下來每一章，你都可以學到如何配合一般和複雜的情況，針對各個傾聽目標調整傾聽方式。一般情況指的是你通常很容易判斷出應該用特定方式傾聽，或必須這麼做，複雜情況通常則比較難確認傾聽目標。以下幾章會幫助你瞭解如何確認說話者的傾聽目標，並教你如何以能幫助對方的方式，處理及回應所聽到的資訊。

或許，在閱讀不符合自身傾聽風格的章節時，正因為對這些風格比較不拿手，反而能有很大的收穫。因此閱讀時，請注意你在哪些情況比較難調整傾聽方式。接下來，再針對近期互動所需要的傾聽方式，或評估你採用的傾聽方式是否強度足夠，回到相應的章節參考。但在此也要給大家一個建議：千萬別跳過對應自身順勢傾聽風格的那一章。即使你覺得「我已經知道要怎麼達到這種目標了」，也可能讀到你未曾嘗試運用此風格的一般和複雜情境，所以還是看一看吧。

準備好之後，就可以瞭解實踐順勢傾聽的方法了。以下幾章會提供一些實用訣竅，也許下一次開會就能馬上試試看。讀過了判斷傾聽並支持、推進、細究和判別的時機和方法後，就能漸漸成為有影響力且具備同理心的順勢傾聽者。說不定，你還能影響別人傾聽你說話的方式呢。

CHAPTER 9

調整為支持型

為了成為順勢傾聽者，就必須瞭解四種順勢傾聽目標——支持、推進、細究與判別。本章與接下來三章會深入探討如何配合說話者需求，調整傾聽方式，但首先也必須強調「支持型傾聽」與其他傾聽目標的不同。

一般來說，若在工作上必須傾聽並推進、細究或判別，你便會以和職責直接相關的方式傾聽。也就是說，為了推動專案進度，你會設法聽出執行方向（傾聽並推進），或邊聽邊記住細節，為了稍後再討論相同主題時，能先做好準備（傾聽並細究），或者，你會開始評估其他團隊的成果是否達到標準（傾聽並判別）。但是，在必須「傾聽並支持」的場合，你則會以協助說話者滿足情緒需求的方式來傾聽與回應。

如果你覺得在工作時還要處理別人的情緒，聽起來會更難做事，這麼想其實也沒錯。畢竟，要照顧別人的心情，除了得瞭解並運用支持型傾聽技巧，還得對別人發揮同理心，這確實頗費心力，同時重視別人的情緒也會給自己造成情緒上的負擔。不過，假如你忽視或避談情緒問題，也可能錯失培養信賴關係的好機會——說不定，這些關係可以幫助你追求專業上的目標，並讓一天工作更愉快呢。反過來說，你也可以成為一位順勢傾聽者，熟知如何判斷別人和自己的情緒，進而以適當方式應對。

要辨認他人的感受如何並不簡單，但這項技能相當重要。你必須先判斷情緒為何，才能「接納」情緒存在，這也是支持型傾聽的一項重要步驟。以下段落會告訴你如何處理及回應各種一般及複雜的支持型傾聽情境，而所有情境都會先從讀懂當事人的心情開始。

職場中的情緒

開始研究如何判斷情緒之前，請先看看幾個情緒小知識。多數研究者都同意，不論在職場或家中，人都會產生六種基本情緒：快樂、悲傷、厭惡、恐懼、憤怒和驚喜。這些情緒為人類共通，表示即使文化和背景不同，也會經歷相同的六種情緒，只不過表達方式可能不一樣。

技術上來說，情緒（emotion）和感受（feeling）並不相同。情緒是由腦部所觸發，根據對刺激產生的回應而迅速形成，可能來得快，去得也快。感受則是根據情緒或生理知覺（比如「感覺很餓」）產生的詮釋。感受比情緒更特定，也持續得更久。舉例來說，快樂是一種情緒，感到快樂時，也可能感覺「很興奮」或「著迷」或「得到接納」，視情況和個人詮釋而定。不過，儘管情緒和感受有所區別，接下來都會交替使用這兩個詞。

情緒和感受都能歸類為自在和不自在兩類。但這並不表示情緒有好壞之分。即便是令人不自在的情緒，也有可貴之處，只不過在職場上不太受青睞。即便憤怒、悲傷和喜悅都是情緒，要是有人說：「我們不要這麼情緒化。」通常指的是生氣或傷心等不自在的情緒，而不是指「盡量不要那麼開心」。不過，不自在的情緒可能不易表達，對傾聽者來說，通常也比較不確定要如何應對，在工作中更是如此。但人總得經歷自在和不自在的情緒，才能成長。

順勢傾聽者都很清楚，擁抱情緒以及和他人分享情緒，可以發揮很大的力量。研究指出，若醫療照護從業人員與同事分享自己的真實情緒，可幫助他們消除精疲力盡的感覺，並在職場中培養鼓勵坦誠表達的氣氛。表達情緒也有助於建立社群並加深專業上的關係。若員工認為自己的情感需求獲得滿足，所屬組織的人員流動率往往較低，工作滿意度則會提高。

為了鍛鍊支持型傾聽技巧，不妨先從認識自己和別人的情緒開始。請參考下表，其中列出了職場上常見的自在和不自在情緒。讀這份表格時，請同時想一想，要如何察覺別人和自己身上的這些情緒？

自在的情緒		不自在的情緒	
驚奇	得到接納	煩躁	嫉妒
欣賞	想要探究	焦慮	嫌惡
讚嘆	獲得啟發	苦澀	孤單
勇敢	樂觀	無聊	憂鬱
自在	驕傲	挑剔不滿	羞愧
冷靜	放心	失望	緊張
有自信	如釋重負	沮喪	壓力很大
愉快	煥然一新	排斥	被拒絕
好奇	有安全感	被激怒	抗拒
愉悅	感激	陰沉	緊繃
渴望	能幫上忙	有罪惡感	害羞
有能力	受到重視	猶豫	擔憂
得到鼓勵	得到支持	受辱、丟臉	不自在
興奮		不如人	

雖然你必須傾聽並支持，也不等於必須把行事曆填滿冗長的談心時間，而耽誤組織的其他重要工作。成年人都有能力在經歷情緒的同時，「也」把工作完成。即使人處在高亢的情緒中，通常「也」能克制自己，將注意力放回工作上。成為順勢傾聽者後，你就會知道怎麼以適當的傾聽方式，滿足說話者的工作需求（通常會透過推進型、細究型或判別型傾聽來達成），以及他們的情感需求（通常透過支持型傾聽來達成）。

如何接納情緒的存在

對工作中的情緒有基本認識後，也必須探索接納情緒的這門技藝——在所有支持型傾聽情境中，這都是不可或缺的技巧。

想像一下：有個工作上會共事的人，來向你訴說自己因為手上某個專案而生氣又挫折。這時，你可以運用推進型傾聽技巧幫助對方解決問題，也可以用細究型傾聽技巧蒐集更多與問題有關的資訊，或者透過判別型傾聽技巧，評估對方為何會怒氣沖沖，以及你是否認為這個怒氣來得合理。你還可以當個支持型聆聽者，劈頭就為對方打氣（因為你已經把第3章的注意事項拋在腦後，又犯了過度鼓勵的毛病）。

不過，最好的選項還是接納對方「有情緒」的事實。你可以給他們一點空間靜一靜，讓他們知道，不論當下有什麼感覺都沒關係。藉由接納情緒存在，便能表達出同理心，告訴對方，有人可以懂得他們的感受。不論自在或不自在的情緒都可以接納，但一般來說，你大概會花更多心力應對不自在的情緒，而人在負面情緒高漲時，也更難回復到平靜或自在的情緒中。

研究者也發現，若能接納同事的情緒存在，對方也更容易信任你。因此，即便說話者需要你協助達成其他傾聽目標，你仍可運用以下三種技巧，先接住他們的情緒：判斷對方有什麼情緒、認可他們的情緒，然後肯定這些情緒有理由存在。

首先，請先觀察對方說了什麼、怎麼說，甚至是未說出的話，藉此判斷他們有什麼情緒。可以邊聽邊思考這些問題。有時，如果說話者直接表達或表現出明顯的情緒訊號，就很容易判斷對方的情緒，例如開心時浮現微笑，悲傷時開始哭泣。或者，如果你和說話者在工作上合作密切，你平時可能就有意無意在心中記下對方常見的情緒反應，比如對方百分之九十的時間都笑臉迎人，所以一旦皺起眉頭，你就知道他們當下的情緒不同往常。

然而，也非所有情緒表現都像「微笑＝高興」或「哭＝傷心」這麼顯而易見。若有人不顯露出明確的提示，就很難判斷他們的情緒。有一種判斷說話者情緒的方法，就是觀察「細微表情」，也就是倏忽即逝的表情，閃過之後，說話者便會恢復先前的表情。相較於面帶微笑等「明顯表情」，細微表情只會在嘴角迅速抽動一下，便立刻回到較中性的表情。如果你剛好眨了眼睛，可能就會錯過了。不過，如果你夠敏銳，或許能在說話者察覺自己的情緒前，便搶先一步辨認出對方的情緒。在此，讀者可參考下表所列的常見表情與各自對應的六種基本情緒，練習判斷別人的情緒。

不論透過明顯訊號或細微表情，在判斷出說話者有什麼樣的情緒後，就可以進入第二步：認可他們的情

情緒	快樂	驚喜	悲傷
細微表情	堆高顴骨 眼角顫動	挑眉 張嘴	垂眼 垂下嘴角
情緒	憤怒	恐懼	厭惡
細微表情	瞪視 緊閉雙唇	拉寬嘴唇 下眼瞼緊繃	皺起鼻子 噘起上唇

緒。如果你停在第一步，判斷出對方的情緒，卻選擇不確認情緒存在，很可能就無法獲得接納對方情緒的好處。請採取相反的做法，明確告訴當事人，你認為他們現在有什麼情緒或感覺。

一開始，這樣做可能很困難，但多練習就能漸漸培養出直覺，進而更有能力判斷別人的情緒、更有信心說出你的觀察，並找出告訴別人你理解他們的感受有何好處。通常，進行此步驟時，也會混合下一個步驟：肯定對方的情緒有理由存在。

你可以告訴說話者，他們的情緒可視為客觀的事實。有些人會認為，情緒的價值比不上理性思考，但順勢傾聽者可不這麼想，而是認為情緒在職場上也有相應的角色。若告訴說話者，他們的情緒反應是人之常情，或在同樣的情況，換作是你也會有一樣的感覺，就等於肯定他們的情緒很合理，也無所謂失控與否。

儘管發出一聲「哇」或「噢」的驚嘆，多少已能對說話者的情緒或感受表達理解，但進一步提出理由來認同他們的反應，會顯得更誠懇。以下是一些範例語句，開始練習接納他人的反應，再慢慢建立自己的說法。

請在空白處填上相關的自在／不自在情緒或感受

真讓人＿＿＿＿＿＿的消息！

我也會＿＿＿＿＿＿＿＿＿＿＿＿！

雖然你都做了xyz，還是變成這樣了，真是＿＿＿＿＿＿＿＿＿＿＿＿！

你會覺得＿＿＿＿＿＿＿＿＿＿＿＿也很正常。

在進行順勢傾聽訓練期間，有些學員表示，若自己明明不同意說話者的情緒反應，卻還要為他們找出理由，對此他們很難贊同。比方說，你可能認為同事、下屬、主管或客戶是過度反應了，或對情勢嚴重誤判，才導致他們出現當下的情緒。不過，事實是：感受本身沒有對錯之分。你不能告訴別人，他們當下的感覺是錯的。更何況，若選擇不接納別人的情緒，而是先糾正錯處，無疑會激起對方的敵意和怨懟。如果你不同意對方的行為或反應，確實不必勉強忍受，但仍可先為對方的情緒本身提出合理解釋。

除了用話語接納說話者的情緒，也可透過聲音、表情和肢體語言來反映這些情緒。回顧第3章所言，熟練的鏡像模仿技巧是支持型聆聽者常見的一項特徵。在接納情緒的情境中，鏡像模仿可以如此表現：比如說話者提高音量或語調來表達喜悅或憤怒的叫嚷，你也能拉高音量或語調，同以驚嘆來回應。若說話者微笑或蹙眉，你也可以在回應時微微一笑或皺起眉頭。如果他們興奮地做出很大的肢體動作，或者挫折地垂下雙肩，你也能展現相仿的姿態。

在面對面互動時，若經過說話者同意，或你知道對方可以接受，那麼適當的肢體接觸也是一種表達肯定的方式。擁抱、輕拍對方背部或擊掌，都可向說話者表達你很重視他們的感受，並可以陪伴他們。若是虛擬或遠端團體互動的情境，則可在符合組織文化或團隊氣氛的前提下，透過貼切的表情符號、迷因或動圖來表達你接納對方的情緒或感受。

在互動結束後，或是透過會議或簡報錄影，或語音備忘錄而聽到別人發言的情形，則可另行向說話者表達關切。即便透過文字溝通，也可以用以下方式表達關心：「嗨，只是想關心你一下。上次談過之後，你的狀況還好嗎？」或是：「我剛好想到你還有你的情況，如果你需要找人談談，歡迎來找我。」這類話都可以表達你的關心。若能判斷、接納說話者的情緒，並提出合理解釋，就能為說話者提供他們需要的支持型傾聽。

在一般的支持型情境中調整傾聽方式

一般的支持型傾聽情境，在一整天的工作中會時常出現，此時說話者「只」需要你採用支持型傾聽的方式，他們不需要你傾聽並推進、細究或判別。他們只想要你好好聽他們說話，然後稱讚他們工作中的某項成就、同情他們對工作的擔憂，或針對個人問題表達支持。如果你對這幾種一般情況感到棘手，以下技巧可幫助你更容易傾聽或回應，且用更有效的方式達到說話者的需求。

支持並讚揚工作上的成就

慶祝某人獲得的工作成果，正是需要支持型傾聽的一種常見情況。也許是同事談成一筆生意，也許是你的團隊達到或超過原訂目標，也許是下屬完成高難度的專案，也可能是你的主管因為領導有方，而得到表揚，又或者是顧客得到某種好成績。從小成果到大成就，只要有人與你分享值得慶祝的消息（甚至是從別人口中輾轉得知），都可以「傾聽並支持」。

知名學者與暢銷書作家布芮尼・布朗（Brené Brown）在Netflix特輯《召喚勇氣》（*The Call to Courage*）中表示，在人所表達出的脆弱情感中，最脆弱的一種可能相當出人意料——並不是羞愧。羞愧是比如有人工作犯了錯，就會非常害怕或焦慮，擔心損及自己在團隊或組織中的重要性。不，最脆弱的情感是「快樂」。以下告訴大家為什麼……

假如生活中發生了好事，或一切都很順利，你會不會停下腳步，心想：「不知道這可以維持多久？」或「應該只是暫時的吧？」根據布朗的研究，人常在感到快樂時便開始保護自己，早早為快樂消逝的那一刻做好萬全準備。

既然表達喜悅的同時，也伴隨脆弱，那麼順勢傾聽者可運用以下四種技巧，在有人表達工作上的成就感時，提供支持：首先為說話者創造表達空間，讓他們能盡情慶祝，接著是認可他們的情緒，然後邀請他們多說一點，表達你也很為他們高興和激動，最後是稱讚對方。

如果有人告訴你一件他們很期待的好消息，或者語帶驕傲地分享某事，你可以為他們創造表達空間，在傾聽並支持時，也讓對方盡情慶祝一番。「創造空間」指的是盡可能給說話者時間，讓他們能好好說完這個工作上的成功事蹟，而不催趕或逼迫他們結束。藉此，你會告訴說話者：「我很關心你在工作上做出的好成績，這就跟我們今天該做的工作一樣重要。」或「我跟你一樣興奮。」順勢傾聽者會為同事創造表達空間，讓他們好好慶祝，即使會暫時耽誤工作也無妨。他們知道，同事之間一起慶祝成就，可以建立起彼此之間的有力連結。等到該回應說話者時，順勢傾聽者就會以前文提到的方式，認可對方的情緒。

支持型傾聽也不僅存在於互動過程。在互動之後，如果你另外找機會稱讚說話者的表現，他們通常也會很感激。有時，光是當下微笑、拍手或透過言詞稱讚，似乎還嫌不夠。在這類情形，請考慮相隔半天或幾天後，再告訴說話者：「我想再次恭喜你的好消息」或「我一直想到你的表現，我真的覺得你很厲害！」你也可以寄封電子郵件，在互動之後再說幾句好話。

若一開始身在一群人之中，不便直接道賀，那麼事後再表達讚賞也是一種好方法。比如坐在台下聽簡報，當下只能微笑或拍手，那麼簡報結束後就能上前，向講者表達肯定，或透過電子郵件傳達。

工作時，你可能一整天都忙昏了頭，看起來根本不可能有時間慶祝什麼好成績。但隨著你逐漸精進順勢傾聽能力，就會發現在這類情境中，支持型傾聽對於建立同僚情誼很有幫助。只要你能為說話者創造表達空間，讓他們有機會談談自己在工作上的成功，然後認可他們的情緒存在、追問細節來邀請他們多說一點，最後表達讚賞，就表示你能有意識地改變自己與別人的溝通方式。對方可能還會發現，在工作上和你互動時，他們會感受到自己最好的一面。在進行同儕考核、升遷考核或續約評估時，這些方法可能會帶來許多好處。

支持並同情說話者與工作有關的煩惱

雖然，慶祝工作上的好消息很美妙，但工作不總是一帆風順，你身邊的同事在經歷困難時，可能也需要支持型傾聽。可能是一位同事開會時遇到困難，或收到差強人意的考核結果，因此向你訴苦。可能是新進人員對加入你的團隊坐立不安，或擔心自己記不得所有到職須知。或許是顧客對你們的產品表現很有意見，或很不滿意你們提供的服務。每當有人向你提及工作上的煩惱，就能透過同情來做到「傾聽並支持」。

有時，因為你無法體會別人的經歷，因此在他們分享自己不自在的情緒時，便不知該說什麼或做什麼才好。也許是因為你的工作經驗都比較正面，基本上都很愉快，所以很難理解為何說話者會傷心、生氣或挫折。或者，你擔心要是打斷對方，並對他們的批評表示贊同，可能會傳到主管耳裡，敗壞你自己的名聲。雖然這樣想很合理，但一概避免這些職場上的麻煩，也可能錯過與同事、下屬、主管和客戶培養信任感的機會。

因此，即使感覺很難，也請盡可能踏出舒適圈。可以運用以下技巧，對說話者表達同情：展現耐心、認可對方的情緒、不要急著幫對方解決問題、不要急著鼓勵對方，並且不要訴說自己的悲慘。請注意，其中三種職場同理技巧都比較側重於「不應該做的事」，而非告訴你該做什麼。事實是，如果有人因為工作上的煩惱而找你談心，可能表示他們和你關係親近、很信賴你，或者對你評價很高。所以，要以順勢傾聽的方式正確應對這些情況，避免常見的錯誤就更為重要。

首先，如果你發現說話者需要你表達同情，你可以藉由展現耐心來表示你正在傾聽並支持他們。若對方是你的下屬、同事或客戶，可能需要比他們自己想像中更多的時間，才能好好訴說煩惱。在認可對方的情緒前，不妨少說多聽，讓對方盡情訴說、說個痛快、想哭就哭，或者用任何方式表達不自在的情緒，想說多久都行。

對於細究型、推進型或判別型聆聽者，展現耐心特別困難。如果你的順勢傾聽風格屬於細究型，或許很習慣讓別人說個盡興，不會去打斷人家，但你可能也比較習慣將注意力放在資訊，而不是細聽對方有何心聲。如果你的順勢傾聽風格是推進型或判別型，或許總會有股說出評論或建議的衝動。推進型聆聽者可能會想建議對方如何脫離令人不快的處境，判別型聆聽者則會想提出精闢的回應，分析對方為何會陷於目前的處境，以及原本可以用什麼方法避免。即便你不把這些想法說出來，也可能盤旋在你的腦中，不斷拉走注意力。

如果同情對你來說真的很難，不妨考慮提出問題，讓說話者盡情表達，也反過來鼓勵你自己展現耐心。你可以說：「如果你想找人倒垃圾，我可以聽你說。」或「你想談談嗎？」這些都能提示對方表達，同時你也能設法表示認可對方的情緒。

在對他人工作上的煩惱表達同情時，也應該避免犯下幾種常見錯誤。首先，請不要急著幫對方解決問題，即便你有權這麼做，也請先忍一忍。就算有人找你討論問題，也不代表他們想要你幫忙解決。請把上面這句話再讀一遍。對推進型聆聽者來說，要他們壓抑愛給建議的傾向，把自己局限在支持型聆聽的模式，可能相當困難，對於認為自己的工作就是解決問題的主管來說，這麼做的確也是一大難題。在第10章〈調整為推進型〉，讀者就會學到如何判斷說話者同時需要支持型與推進型傾聽的複雜情況，但是，在單純談論工作上的煩惱時，集中於支持型傾聽才能幫助你好好安撫說話者的情緒。

若你也發生過類似的情況，有同事來找你大吐苦水，或許你也真心想幫忙搞定問題，或給點建議。不過，這時請提醒自己：他們可能只是需要來點支持型傾聽。接下來，請用感嘆的方式回應，接住他們的情緒並表達同情。來點「啊，太慘了吧！」之類的話，通常滿安全的。

傾聽職場怨言時，不僅要避免急著幫說話者解決問題，也請務必不要急著鼓勵對方。最優秀的順勢傾聽者在同情同事時，並不會勉強對方馬上回到自在的情緒中。不自在的情緒也有宣洩的作用，因此讓說話者充分表達憤怒或悲傷，甚至可能對克服困境有幫助。雖然鼓勵別人樂觀一點，看似是在伸出援手，本質上也是支持的方式，但也不妨試試多同理對方的處境，並和他們「一起」體會那個不自在的情緒。否則，你可能會和以下這位《財富》雜誌百大科技公司的經理一樣，犯下同樣的錯……

某次，這位經理負責開除某個人，這個差事讓她感覺糟透了。她很欣賞這位同事，也不是她決定要資遣的，但這屬於她分內職責，不得不做。於是，在向對方解釋資遣理由時，她便面帶微笑。她的本意是希望緩和氣氛，並告訴對方一切都會過去的。她只是希望用一點溫馨來平衡壞消息的衝擊。結果……不太理想。

輪到這位被炒魷魚的員工回應，她便說：「你是在笑個屁！」老天啊。因為經理面帶微笑，反而將自在的情緒強加在資遣對象身上——可是對方根本還沒準備好要走出來，她根本不想「加油」啊。這時，如果能看到經理露出傷心或挫折的表情，也就是自己感覺到的不自在情緒，可能還好一些。表達同情或許更能形成你和對方站在同一邊，且很有同理心的印象，總比微笑好得多。

最後，有些人會用一個好心但會造成反效果的方法，就是談論自己類似的經驗。他們會說：「我知道這是什麼感覺。」或「啊，我知道！我也是。」有時，聽的人甚至會打斷說話的人，開始講自己的故事，表現出自己有多瞭解說話者的感受。

你也許以為這個方法很好，可以對說話者的情緒表達同情心和同理心。問題是，這麼做會將焦點從說話者身上搶走，變成你自己的場子，但對方才是需要「傾聽並支持」的人。所以，請不要反過來訴說自己有多悲慘。

事實是，沒有人可以真的體會別人的感受。即使你曾經歷類似的處境，與經驗類似（或相同）的人共處，你終究和說話者走過了一趟不同的旅程。他們有自己的背景和脈絡，因此即便情景相似，他們的感受可能也與你稍微或大為不同。

即使你分享自己也同病相憐的評論或故事，是為了展現連結與理解，仍可能打壓說話者的感受。也許你不可能會直接說出「我懂你的感覺，所以你不特別」，但分享自己的情緒和經驗，仍可能在無意間表達這樣的看法。因此，說話者可能乾脆封閉自己，或往後再也不想跟你談心了。

在必須傾聽並支持的情況，對方需要知道你站在自己這邊。當然，既然是他們自己找上門，大概也已抱著這樣的認同，但在適合對職場煩惱表達同情時，你仍可主動呼應對方的需求（並避免他們不需要的行為），藉此加強彼此的信任。

針對私人問題表達支持

如今，有許多人都在虛擬或混合環境中辦公，有時在家辦公時，家中便會發生一些值得高興或擔憂的情況。對遠端工作者來說，要在開始一天的工作前先忽略這些情緒，並不容易。因為居家辦公，剛收到的包裹可能就在身邊堆積如山，只不過透過鏡頭看不到，或者家裡有人掛病號，就在隔壁房間休養，或者可愛的新寵物不時過來賣萌。在無法遠離這些環境刺激的情況下，遠端工作的同時還要控制自己亢奮的情緒，當然顯得困難重重。

因此，如果別人是因私人問題來找你談心，不論是自在或不自在的情緒，都可以沿用針對職場情境祝賀或同情的方法來應對。若他們需要你為他們的個人成就開心，就為他們提供表達空間、認可他們的情緒、歡迎他們多說一些，並於事後再表達肯定。如果對方需要你對個人遭遇表達同情，便可展現耐心、接納對方的情緒、避免幫忙解決問題、避免急著鼓勵對方，並且不要反過來訴說自己的悲慘經驗談。

此外，在傾聽別人分享私人煩惱時，也務必記得：不要打探對方的隱私。如果你給說話者壓力，逼對方多透露一些私人情況，對方可能會認為你很冒犯。相對的，請儘管一語不發、安靜聆聽，並認可對方的情緒，這樣就夠了。如果他們想要多說一些，他們自然會說。

假如你決定在互動之後再關心說話者，可考慮採用「我想到你的情況」或「謝謝你信任我，願意跟我談」等表達方式。這些說法可告訴對方你願意站在他們那邊，並且不會過問隱私。

不論透過虛擬方式或面對面互動，只要工作和私生活之間的界線變得模糊，就必須採用「傾聽並支持」的方式，即使話題和工作無關也一樣，在涉及個人成就或私人煩惱的情形，都是如此。在不同情況，你都可以運用適當的技巧來成為順勢傾聽者，且不會跨出合理的界線。

在複雜的支持型情境中調整傾聽方式

不同於一般的支持型傾聽情境，在複雜情境中，你知道此時主要的傾聽目標並非「傾聽並支持」，而是其他順勢傾聽目標：傾聽並推進、傾聽並細究或傾聽並判別。但即使如此，在每次互動中，順勢傾聽者仍會設法向說話者展現一些支持型傾聽，因為他們知道支持有利於培養穩固的關係，並可讓未來的合作更容易進行。

也許你未曾想過這個問題，但說話者通常會完全依賴自身與傾聽者之間的相對地位，來產生相應的情緒需求。請想一想，在與主管對話時，你會期待產生哪些感覺？如果是和同事對話呢？和客戶對話呢？又或者，和廠商或供應商對話呢？

下屬通常希望在和主管或經理互動時，能得到認可和重視。主管與下屬互動時，則會希望覺得自己幫得上忙，並獲得認同。同事和合作夥伴則通常想感覺自己受到信任，並且彼此相處起來很自在。即便是站在客戶、顧客和廠商的立場，在與銷售人員或銷售對象交談時，也會期待能產生某些感受。

在根據說話者與你之間的相對角色，思考對方可能會有哪一些感受時，便可採用傾聽並支持的方式，順勢加強雙方關係。

下表列出了一些方法，可幫助你釐清別人相對於你的角色，可能需要哪些感受。這些方法只是列舉，並非窮盡，大可自行列出其他情緒需求。不論對方是否需要滿足其他傾聽需求，這份清單都能幫助你運用支持型傾聽的方式，達到互動對象的情緒需求。

依角色分類的情緒需求範例

下屬	主管	同事與合作夥伴	客戶	廠商、供應商、顧問
有成就感	獲得認同	自信	獲得認同	有成就感
獲得認可	冷靜	彼此有連結	愉快	得到欣賞
有能力	自信	有能力	印象良好	幫得上忙
驕傲	幫得上忙	自在	驕傲	不可取代
覺得自己有用	啟發人心	受到信任	自在	受尊重
受重視	受尊重	覺得自己有用	滿意	獨一無二

以上支持型傾聽情境都屬於複雜的情況，因為你必須判斷在達成說話者主要目標之外，還需要提供支持型傾聽到何種程度。若當下情況有需要，就可以採用支持型傾聽作為輔助手段或必要手段。

適合以支持為輔助手段的情況

若說話者當下的情緒狀態並不會影響他們最終要完成的工作或任務——也就是你要幫助對方達到的主要順勢傾聽目標（「傾聽並推進」、「傾聽並細究」或「傾聽並判別」）——那麼支持型傾聽就屬於輔助手段。當然，說話者仍會有情緒需求，你也可以幫助他們滿足這些需求。在這類情況，請確認他們感到自在、認可他們的情緒、達到他們的主要目標，並簡單加上一點支持型傾聽。

假設同事傳了一個訊息給你，寫道：「嗨，我要把這個專案給主管看，提交之前，方不方便請你給我一些建議？」這時，你心想：「我今天還有空，而且我當然是個好同事，沒問題。」於是你回覆對方：「沒問題！什麼時候討論？要在哪裡討論？」兩人便約好時間地點。

在碰面討論前，你先確認自己要採用何種方式傾聽。假設同事直接請你提出建議，幫忙推動專案進度，你當然可以很有自信地認定對方需要推進型傾聽（如果你不太確定，等到讀完第10章〈調整為推進型〉就能更有把握了）。

判斷出主要目標後，還必須判斷需要運用多強力道的支持型傾聽。在兩人的討論開始時，你會找尋對方釋放的訊號，確認對方是否自在。看來，同事的確很冷靜，在討論開始時面露微笑，姿態也很放鬆但投入。然後，對方表示需要你的建議，你便根據過去互動的經驗，認定對方的語速、音量和語調一切如常。因此，你比照這位同事的神態，表現出同樣的冷靜，藉此認可其情緒，並且兩人都準備好談正事。

你很快盤算了一下：既然同事看來處於自在的情緒狀態（冷靜），你便以達到對方的主要目標為優先（傾聽並推進）。不過，你知道同事得向主管報告進度，因此也希望幫助他們相信自己很有能力。因此，在互動的最後，你加上一句回應，簡單補充了一點支持型傾聽：「好，我覺得等你做完剛才討論的東西，應該就可以提交了。不過，其實現在這樣就很好了，我覺得他們也會滿意。」

在職場互動中，可以透過簡單的回應，或快速展現非言語表達方式，來納入一點支持型傾聽。只要一個傳達善意的用詞、點頭表達肯定、溫暖的微笑，或按讚的表情符號，都可以滿足說話者的情緒需求，同時無須偏離互動主軸。

在將支持型傾聽視為輔助手段後，互動結束時，你便很清楚自己已幫助同事和客戶達到他們的主要目標與情緒需求，即便他們自己可能未曾察覺這些需求存在。而在互動結束前，他們便會明白，你幫助他們完成了任務，並且在與你談過之後，他們對自己感到有自信了。

適合以支持為必要手段的情況

假如交談對象正處在不自在的情緒中，支持型傾聽便不再只是輔助，而是必要手段。相較於身處自在情緒的人，正感受到不自在情緒的人會更需要支持型傾聽。若無法將不自在的情緒控管得當，便可能變得心事重重或壓力很大，導致你也很難達到對方的主要目標。在這類情況，你可以先確認他們是否處在不自在情緒中、接納對方的情緒，然後調整傾聽方式來達到他們的主要目標。

若要確認對方是否處在自在情緒之中，有個簡單的方法，就是快速記下對方說了什麼話，以及說話的方式。這個人的言行舉止是否與平時不同？他們看起來心情好嗎？有一些典型的行為變化可作為提醒，用於判斷他人是否正處於不自在的情緒中。

- 對方通常表達清晰，但當下顯得特別多話或不斷重複同樣的話。
- 以異於平常的高亢語調說話。
- 語調通常很平穩，但當下變得顫抖，好比行駛在顛簸的路上，或上氣不接下氣。

- 說話比平常更快，聽起來也很狂亂或焦慮，而非單純的興奮。
- 提高或降低音量來表現憤怒、悲傷或恐懼。
- 姿態明顯不同，要不是更冷淡疏遠，就是更逼人。
- 改變手勢，比平時更用力強調重點、過於頻繁變換或顯得有所保留。
- 從神情溫和或表情豐富，變成了表情不多或完全木然。
- 從通常很放鬆的神情，轉變為更緊繃、咬牙切齒的表情。

現在，有越來越多人身處人員分散、遠端與混合式的工作環境，可能不如面對面互動的方式，有夠多的訊號可供判斷。比如說，如果有人關掉鏡頭，便少了視覺方面的訊號。如果透過電話來互動，可觀察的訊號也少得多。若為書面溝通，包含簡訊和電子郵件，則僅涉及閱讀，而無從傾聽，你便可能會尋找一些訊號來判斷別人當下的心情如何。例如，你看到訊息如雪片般不斷飛來，但對方平常傳訊息的速度都比較合理，是否就應該留意？不論是哪一種情況，建議都應根據可供判斷的訊號，確認互動對象的情緒狀態。

請沿用前面的例子，想像有位同事來找你，並說：「嗨，可以請你針對這個專案，給我一點建議嗎？」只不過，這次你到場準備好「傾聽並推進」時，以及提供建議時，你發現同事顯然不大冷靜。只見對方坐在那裡，將頭埋進雙手中，整張臉皺成一團，彷彿盡全力要集中注意力，姿勢也顯得相當緊繃，幾乎可說是僵硬的程度。接著，同事解釋為什麼需要尋求你的意見，你也注意到，對方的語速比平時飛快許多。這些行為舉止都異於平常，而你也能根據這些訊號判斷對方現在很緊張或焦慮，亦即顯得相當不自在。

確認對方處於不自在的狀態之後，即可運用本章開頭的方法來接納對方的情緒。你出言認可對方的情緒，並沒有因此讓對方開心起來或充滿自信，但確實讓人更加自在了。藉此，你便準備好調整傾聽方式，達到說話者的主要目標。在後續互動中，你「傾聽並推進」來協助同事重新整理講稿。討論結束時，你還加上一句話來鼓舞對方：「好，我覺得等你做完剛才討論的東西，應該就可以提交了。不過，其實現在這樣就很好了，我覺得他們也會滿意。」

在順勢傾聽訓練中，學員曾問道：「如果我跟對方不熟，要怎麼辦？如果我不清楚對方平常說話的方式或姿勢，要怎麼看出有哪裡不同？」沒錯，你的互動對象也可能是新進人員、新的客戶、新的廠商或是客座講者。雖然陌生人比較不可能在心情不佳時來和你互動，但也絕非毫無機會。在這樣的情況下，你可以尋找比較通用的不自在情緒訊號，例如眼眶溼潤，可能曾經或即將落淚，或者提高音量，幾乎是吼叫的程度，或者重重地嘆氣，表現出憂煩或惱怒的樣子。也可以觀察是否有細微表情，透露出憤怒、悲傷、恐懼或厭惡等。

和當下情緒不自在的人共處時，若對方仍得處理工作，那麼可在「傾聽並支持」與協助對方達到主要目標之間，盡可能達到巧妙平衡。若在這些情況中，你選擇只做到「傾聽並支持」，同事便可能落入負面情緒的循環，心情變得更糟，因為對方可能會認定自己已經失控、受困，反而更難達到較自在的情緒狀態。但多練習平衡之後，久而久之，你也能在這類複雜情境中，判斷要「傾聽並支持」的程度。

勇於表達，多點溫暖

若無論在一般或複雜的情況中，支持型傾聽對你來說都很困難，不妨試試這句神奇咒語：「我是來幫忙這個人或這群人的。」唸給自己聽，幫助自己調整心態。不論在什麼時候需要調整為支持型傾聽，都能藉此將注意力集中於優先照顧說話者的感受。

如果你原本是推進型聆聽者，請別急著幫忙解決問題。如果你是細究型聆聽者，也別只關心對方說的話。如果你是判別型聆聽者，則要避免立即評斷問題的是非。在互動當下，請聽一聽對方在話語之間與之外，究竟表達出什麼樣的心情。接著，若對方需要你與他們一同慶祝好消息，你便能給出歡欣鼓舞的回應；若對方處於低潮，你也能表達同情，彷彿給對方一個溫暖擁抱。假如說話者已變得自在，便可將注意力從支持型傾聽稍微移開；假若他們不太自在，就多放一點心力實踐支持型傾聽。

時間一久，你甚至還能整理出一份親近同事的支持型傾聽「小筆記」。

或許，要在專業互動中注入一點溫馨和情緒，可能很不容易，尤其是對於非支持型傾聽者來說，往往更為困難。假如擔心自己變得身段太軟或多愁善感，請記得：在職場上優先照顧他人的情緒，以整個組織和專業角度來看，也有很多好處。不論是祝賀他人的好事或同情別人的遭遇，都能藉此主動建立更穩固的職場關係。或許，你還會發現，在為他人採用支持型傾聽的同時，他們也會開始回饋你同樣的支持。

CHAPTER 10

調整為推進型

綠燈、起跑鳴槍「砰！」的一聲，還有鼓脹的膀胱，這三者之間有什麼共通點？答案是：這些訊號全都表示該行動了。就像這些日常生活中的線索，告訴我們該動起來了，職場中也有一些類似的訊號可供判斷。這些提示可告訴我們，是時候採取行動了，也就是推進型傾聽的時候到了。假如有人需要你採取推進型傾聽的方式，這時就應以能協助推動專案、人員和流程進度的方式，處理及回應對方所說的話。

有些時候，不論本身是否為推進型聆聽者，都得運用推進型傾聽，因為這對達成職務上的目標很有幫助。舉例來說，專案經理可能會習慣運用推進型傾聽來解讀資訊，並轉化為行動方案。顧客服務專員也可能利用推進型傾聽，有效率地解決顧客提出的問題。或許，你的工作是將某些東西從A點進展到B點，譬如寫程式、管理社群媒體或按請款單付款，因此你已經習慣從主管、同事或客戶所說的話中，設法聽出待辦事項。那麼，你就可以有信心地說：「對！我都是這麼做。」

然而，即便知道必須以有助於推動人員、專案和流程進度的方式，來傾聽及回應，也不表示你總是知道該怎麼做。再者，適用推進型傾聽的情況未必都一眼就能判斷，或許還是得尋找一些線索，觀察主管、下屬、同事或客戶是否需要「傾聽並推進」。

本章會說明一些可在一般和複雜情況中運用的推進型傾聽技巧，幫助你成為順勢傾聽者，在不同傾聽風格間流暢轉換，根據當下情況和說話者所需，使用相應的一種。如果你本身就是推進型聆聽者，也可能發現一些新的技巧，可供你精進傾聽能力。如果你本身屬於其他傾聽風格，那麼本章的技巧可引導你培養推進型傾聽技能，進而持續成長為一名順勢傾聽者。

在一般的推進型情境中調整傾聽方式

以下是一般的推進型傾聽情境，你很可能早就在其中一種或全部的情境中，有過傾聽的經驗：在簡報或會議尾聲、必須將某人說過的資訊轉達給另一個人或另一群人，或必須想出新點子時。如果你並不是推進型聆聽者，也許就不太擅長應對這些常見的情境。

同理，你可能會發現，要一心以推動人員、專案和流程進度為傾聽目標，可能令你相當不自在，尤其是你還不習慣這樣做的時候。你可能會認為，打斷別人說話、主動提供建議或推動下一步，會顯得太過分，甚至像是挑釁，特別是沒有人直接開口要求時，更讓人卻步。因此，以下部分會幫助你釐清在一般的情境中，應該在什麼時機、用什麼方式運用推進型傾聽，進而建立起信心。

在互動尾聲推動進展

除了透過說話者的職位判斷出推進型傾聽需求，互動情境也可作為參考。請回想你在工作上參加過的簡報會議：說話者完成簡報之後，通常會希望你做點什麼，也許是希望你決定某項提案、執行新的工作流程，或加入某個工作小組。

遇到以下情況，事態又會更加複雜：除非說話者主動表示「你該行動了」或「我需要你做這個」，否則你可能無從判斷推動進度的時機。即使許多商業上的互動都旨在完成工作，說話者也未必能清楚表達自己需要你「傾聽並推進」。不過，順勢傾聽者都很清楚，自己可以向正在互動的個人或群體伸出援手，因此會在一切互動的最後先暫停片刻，確認是否有後續步驟，並確認是否要採取任何行動。

請想像你正在公司開會，一位主管分享了公司在去年度的整體財務成果。你知道，在這類會議通常會聽到定期更新，因此你判斷自己應該準備好採用細究型傾聽的方式（如果你還無法判斷，在讀過第11章〈調整為細究型〉後，就會瞭解該怎麼做了）。所有人員都出席之後，主管便開始發言：

大家早安。今年，我們營收穩定成長，已經超出原訂目標。而且在成長的同時，我們也妥善控管成本，最後年度淨利率來到百分之十八，超過原本的目標了！我們會把這些利潤投資在公司最重要的資產——「人」的身上。我們已開辦幾項計畫來支持各位的專業發展，包含訓練方案、指導機會和跨部門合作計畫。公司希望給大家機會發揮所有潛力，並可以和公司一起成長。

在這裡，我要代表公司感謝大家的努力，也讓我們為自己喝采。接下來，有任何問題都請儘管提出。

主管發言完畢後，你發現自己不僅為公司的成就驕傲，也對自己的傾聽技巧很自豪。你很專心聆聽其中的細節，緊跟上主管提到的內容（細究型傾聽）。你甚至維持和主管的眼神接觸，在對方發言期間，不時點頭並微笑，並在結束時很快跟著大家一起鼓掌。隨著掌聲逐漸停歇，你知道互動來到尾聲，同時你也認為，身為一位順勢傾聽者，應該判斷此時是否有必要採用推進型傾聽的技巧。因此，首先要確認是否有後續步驟，你便問自己以下的問題：

- 說話者是否提到我、我的團隊或我的部門？如果有，是否也提到任何行動項目？

- 剛才有提到期限或截止日嗎？如果有，我要負責準時完成某些工作，或者可以幫上忙？
- 有提到要徵求志願者嗎？如果有，我可以幫上忙嗎？
- 有提到未來的活動或願景嗎？如果有，我在其中可以扮演什麼角色嗎？

然後，你回想主管剛才說的內容。其中並沒有提到你的名字，也沒提到你的團隊或部門，沒提到任何特定截止日或期限，更未徵求任何志願者。不過，主管確實提到未來願景，談及要推動新的專業發展計畫，幫助公司成長。你認為，目前你應該不必做任何事，但仍決定最好確認是否需要採取任何行動。因此，你順著主管表示歡迎提問的那句話，提出了疑問。

你：剛才提到新的專業發展計畫，聽起來很值得期待。所以，我們現在應該做點什麼事情，先準備一下嗎？

主管：感謝提問。現在什麼都還不用做，之後有需要會再通知大家。

在互動結尾時，沒有行動項目或後續步驟並不稀奇，尤其是定期會議和簡報，通常不太會提出。不過，在每次互動的結尾運用一下推進型傾聽技巧，確認說話者確實沒有任何要求，也沒有什麼損失。其實，這麼做說不定還有好處——可以讓人留下好印象，認為你重視未來發展，也準備好在必要時採取行動。

此外，主管很可能真的希望大家能先預做準備，好充分把握這些新的專業發展機會，只不過並未明確提出行動呼籲，而推進型傾聽的好處，不僅在於能推動事態發展，也能揭開那些並未明說，但能真正推動整個組織前進的需求。若你選擇主動確認是否有後續步驟，並確認是否應該採取任何行動，也就相當於把握了創造影響的機會。

推動進度是為了轉達資訊

在某些時候，你成了資訊的中繼站——你必須好好聽清楚主管、客戶或同事說了哪些事情，然後負責將聽到的資訊傳達給某個人或另一群人。

乍聽之下，轉達資訊好像很簡單。你可能會想：「好，我就用細究型的方式來聽吧。我要做筆記、記下細節，然後轉述這些資訊。小事一件。」可是，如果你位在「傾聽鏈」的最後，就得用不同的方式來聽，才能確實轉達資訊。若得知有人必須接在你之後接收資訊，也可運用下列的推進型傾聽技巧：準備好交給下一棒、擬定後續追蹤問題，並在對方面前做筆記。

假若你未來的職涯目標包含帶領他人或推動倡議，那麼轉述資訊就會是你的工作日常。如果你的工作已包含這些部分，想必對此頗有心得。有位在《財富》雜誌百大企業任職的銷售經理便表示，他記下了高階主管請自己將訊息傳達給團隊的次數，發現在短短七十八天內，他便轉達了五十則訊息給下屬。在這樣的位置上，傳遞資訊對他而言就是家常便飯。

準確轉達資訊很重要，因為唯有組織中的所有人都掌握最新資訊，並跟上最新計畫進度，各項策略才能順利執行。在規模較大的組織中，高階主管未必有時間一一和每個人或各部門直接討論，即便有空，有些消息或許交由團隊主管和中階主管傳達會更好，因為他們通常已和團隊成員建立起信任且友好的關係，所以只要傳達時機適當及時即可。

因此，若站在必須傳達資訊的立場上，就必須準備好交給下一棒。轉達資訊彷彿一場賽跑，整個隊伍都必須合作，按順序完成接力，才能抵達終點。如果跑者分心，就可能失手掉下接力棒，額外花費時間，並降低最後一棒最先抵達終點的機率。轉達資訊也是相同的道理。如果你只一心一意從互動中蒐集自己需要的資訊，而不為下屬或缺席的團隊成員設想，代為留意他們可能需要知道的資訊，反而可能浪費大家的時間，或讓別人無法順利抵達終點。反過來說，你可以將別人所處的背景脈絡放在心中，在傾聽時留意一下，藉此為傳遞資訊做好準備。可以就你所知，考慮對方目前擁有的技能、所設定的目標、優先順序、動機和顧慮，如此一來，就能在團隊合作中更積極貢獻，有利於達到成功的結果。

以阿夏和齊雅拉為例：阿夏在一家大企業擔任中階主管，齊雅拉則是一家小型新創公司的團隊主持人。阿夏帶領的團隊規模比較大，階層也更嚴明。她每一季都會和公司的高階主管開會，上司們會分享公司接下來的目標和當季進度。齊雅拉則身兼多職，經常得將從一群人手中接收的資訊，再轉達給另一群人。不論公司規模大小和架構如何，身為資訊傳遞者，就必須「傾聽並推進」。

這兩位主管都訓練自己要做好資訊交棒的準備，方法是在傾聽時便詢問自己以下問題：

- 我的團隊／另一位關係人聽到這些資訊後，反應會是正面、中性或負面的？這又會對我們推動進度有什麼影響？
- 如果我的團隊／另一位關係人贊同這些資訊，那麼他們還需要哪些細節才能推動進度？

- 如果我的團隊／另一位關係人不認同這些資訊，那麼要如何向他們證明現在必須繼續進行？
- 如果我的團隊／另一位關係人對這些資訊感到困惑，如何幫他們釐清狀況，才能讓他們準備好往前走？
- 如果我的團隊／另一位關係人對這些資訊感到猶豫，要如何讓他們安心，才能繼續推動工作？

假如以上任何一個問題需要更留心處理，那麼阿夏和齊雅拉便會利用已取得的資訊，配合第二個技巧「擬定後續追蹤問題」，來追問起初傳遞資訊給他們的人。追問可幫助阿夏的高階主管和齊雅拉的同事瞭解情況，明白這兩人都不僅是為她們自己發言——她們是不斷追求成長的領導者，會為組織考量到更深遠的層面和影響。

請參考以下方法來制定後續追蹤問題：

- 「我的團隊可能對……有疑問。」
- 「我可以理解，團隊裡有些比較資深的人會問我……」

● 「為了幫助團隊推動這件事，他們需要的資訊是……」
● 「你剛才說的和會議裡提到的幾點很像，大家可能會很好奇要怎麼……」
● 「我的團隊會很期待開始準備，因為……」

不過，經理和團隊主管並非唯一得負責轉達訊息的人，跨部門團隊也常必須將資訊從一群人傳遞到另一群人手中。舉例來說，產品團隊可能會向行銷團隊分享特色和優勢的更新，再由行銷團隊將這些特色和優勢資訊轉達給潛在顧客。或者，部門主管可能會告訴徵才人員，他們希望新員工能具備哪些技能和特質，而徵才人員會將這些資訊提供給應徵者。轉達做得好，所有人都能受益，若轉達得不好，便可能落入為難的處境。

如果你知道其他團隊或關係人要接在你之後推動專案或流程進度，那麼在傾聽時，不妨自問以下問題：

● 在整個流程中，下一個人必須知道哪些資訊，才能順利推動進度？
● 下一個人可能會有的哪些問題，是我現在就能輕易解答的？
● 哪些資訊可能幫助下一個人前進？

轉達資訊的最後一項技巧是在對方面前做筆記。雖然你也會在第11章〈調整為細究型〉和第12章〈調整為判別型〉中，複習一些筆記方法，但本章要強調的是「表現出」做筆記的舉動，而非做筆記本身。

即便當下你正在「傾聽並推進」，做筆記也可成為輔助的支持型傾聽手段，藉此滿足主管、同事和客戶建立信心的需求。如果你在對方面前做筆記，他們不僅會更安心，相信你可以準確傳達資訊，也會知道你很重視他們所說的話。

即使你自己不必看筆記，或對自己記住這些資訊的能力很有信心，還是可以挑選一些談話中的重點，寫下來或打字記錄。你還可以說：「請等一下，我拿枝筆記下來／開一個文件記一下。」筆記裡到底寫些什麼都隨你便，重點是讓別人感受到自己說的話很重要，因此你非記下來不可。此外，筆記也能讓準確轉達資訊變得更容易。

在一般情況中採用以上推進型傾聽技巧後，就能讓一天工作變得既明確又有效率，還可開創職涯成長的道路。長此以往，你就能熟練地準備好交給下一棒、擬定後續追蹤問題，並在對方面前做筆記，這些能力也進一步能影響別人的看法，將你視為重要的團隊成員和潛在的領導者，有利於你的職涯發展。

推動進度來激發新點子產生

第三種一般的推進型傾聽情境，則是一群人要合力構思新點子的情況。這時，你可能得天馬行空想像新產品和新服務的樣子、制定或更新某項任務或願景、規劃公司內或異地活動、規劃新的訓練課程，或針對某項問題找出有創意的解決方案。在必須於團體討論發想新點子時，有些人可能很難同時兼顧以正確方式處理及回應，這時，或許「積極行動」和「克制自己」兩種技巧就能幫上忙。這兩種技巧的實際做法會依你的順勢傾聽風格而異。

如果你本身就是推進型聆聽者，也別急著假定自己絕對能想到好點子。準確來說，你更可能會先理解別人所提出的構想，再積極提出可實踐構想的步驟。在聽到什麼很厲害或還算不錯的想法時，你可能就會心想或直接回應：「就根據這個想法來動工吧！」或者，你是個隨時都能分享新構想的推進型聆聽者，只要情況允許，你就會主導會議走向，一個又一個的加入新的點子。可是，其實不論哪一種做法都不太恰當。

如果你本身是支持型聆聽者，或許已很善於為同事創造表達空間，讓他們能盡情分享新點子。問題在於，你可能太擔心他們的表達「需求」，自己反倒不怎麼發言（或根本一聲不吭）。這表示，整個群體都沒有機會聽見你的好點子——可惜，你的點子說不定能給同事靈感，激發出更多精彩的想法。

假如你本身是細究型聆聽者，或許會偏好深思同事分享的每個想法，並追問更多細節，或確認對方說了什麼，確定自己真的充分理解了。於是，你可能因此遲遲不發表意見，直到確認自己的想法已經夠完整，才終於肯提出。這些行為可能會拖累團體的進度，並導致你的貢獻比別人都來得少。

若你是判別型聆聽者，可能會在每個想法提出之後，都評價一番。團體中的其他人提出構想時，你或許很自然地就想判斷哪些想法比較好，哪些則應排除考慮。你可能還會先批判及評價自己的想法，再決定哪一些比較值得分享給大家，可是，這些批判的想法和評論，也可能阻礙所有人的進度。

若要在這些討論情境中做出更多貢獻，請記得：如果有人請團體成員提出自己的想法，就是為了發揮眾人「一起」傾聽、分享及發想點子的力量。有時，你必須積極行動，逼迫自己放下偏好的模式，以不同方式處理及回應。在其他時候，則必須克制習慣，放下讓你最舒適自在的思考及表達方式。請使用下表所列的技巧，根據自己的順勢傾聽風格，加強推進型傾聽的技巧。

為了激發更多構想而積極採取行動及克制習慣的技巧

如果你的順勢傾聽風格是……	而你發現自己……	不如試試：
支持型	會克制自己發表想法的念頭，先保留空間讓別人表達。	積極行動：強迫自己在這次互動中，至少提出一定數量的意見，並以自己感到自在的數量為準，盡量再多說一個想法。
	過度熱心地幫別人加油打氣。	克制自己：幫自己寫個備註，註記你希望鼓勵哪些人提出看法（而不是一視同仁讚美所有人）。
推進型	分享太多意見，占走團體中其他人表達的空間。	克制自己：設定你在這次互動中，最多可分享幾個想法，並以自己感到自在的數量為準，盡量再少說一個想法。

推進型	對某個想法躍躍欲試，很想立即執行、藉此推動進展。	克制自己：每次有推動進度的衝動時，就寫個備註給自己（而不是急著催促團體採取後續步驟）。＊你沒看錯——的確是要給推進型聆聽者兩個克制技巧，因為他們通常比較管不住自己。
細究型	不太分享看法，因為你認為自己還沒想個透徹。	積極行動：給自己起個開頭來擺脫包袱，比如：「這只是初步構想嘛」，然後無論如何都說出你的想法。
	總想再深入探究某人已經提出的點子。	克制自己：如果想知道更多細節，就給自己寫個備註，稍後再追問對方（而非在互動中就急著深入討論）。

判別型	
不太分享自己的看法，因為自認還不夠好。	克制自己：給自己起個開頭來擺脫包袱，比如「就當作拋磚引玉吧，看有誰可以把這個變得更好」，然後無論如何都說出你的想法。
評論每個已提出的點子。	克制自己：先將評論寫在筆記裡（而不是在互動中立刻說出來，或不斷掛念而分心）。

提出新的想法可幫助你和所屬組織掌握趨勢、取悅客戶、在既有市場占有一席之地、進入新市場，並發現更好的工作方法。通常，有趣且創新的點子，正是由個人的貢獻播下種苗，再由團體中其他人的意見灌溉茁壯。若你能在適當時機積極行動並克制自己，就能成為順勢傾聽者，推動團隊邁向獨一無二且超出預期的美好未來。

在複雜的推進型情境中調整傾聽方式

沒錯，如果只需要應對一般情境，並一律採用推進型傾聽，工作起來可能會輕鬆許多，但現實未必如此美好。在一些複雜的推進型傾聽情境，也可能需要一些動力激勵。凡遇上以下兩種複雜情境，都需要運用推進型傾聽：

- 情況急迫，「而且」說話者已經不堪負荷。
- 失敗風險很高，「而且」你具備相關專業知識可分享。

也許，你早有必須在這類情況傾聽的經驗，但忽略了當時曾出現需要推進型傾聽的訊號。不過，也不必太苛責自己，因為這些推進型傾聽情境未必能輕易辨認。不論互動對象是否察覺自己的傾聽需求，你都必須主動探查、確認情勢，並考量整體情況，才能以對方所需的方式傾聽。

在情況急迫以及說話者不堪負荷時推動進度

若已知情況緊急，「並且」說話者看起來已經快被壓垮了，這時就該採用

「傾聽並推進」的方式。請注意，必須同時滿足兩項條件，推進型傾聽才會是當下的最佳選項。單只有急迫還不夠，因為許多人都很善於在時間壓力下完成工作，因此光是出現時間緊急的訊號，不必然表示此時需要提供建議或採取行動，對方可能不需要任何協助，也能自行應付緊急的情況。

同理，若是說話者看起來壓力很大，但情況不急，也還不必採取推進型傾聽的方式。在此種情況，反而可能需要判別型傾聽，來幫助說話者自己找出正確答案（詳情留待第12章〈調整為判別型〉再說明）。或者，這位承受龐大壓力的說話者可能需要一些空間發洩，那麼就能以支持型傾聽配合（如第9章的討論）。不過，假若情況既急迫，說話者又不堪負荷，就可以「傾聽並推進」。

為了確認兩種條件都已達到，可以尋找是否已有一些徵兆。首先，請根據說話者所應對的整體情況，確認是否有「急迫跡象」。在不同部門和組織中，急迫的定義各有不同，但下表列出的潛在急迫跡象，仍可供參考。

根據整體情況判斷是否有急迫跡象

急迫跡象	急迫情況範例
截止日將至	主管突然要求在當天繳交某樣東西。 一小時後就要和客戶或顧客開會。 核銷預算的期限快到了，「不用就沒了」。
重大失誤或困難	重要應用程式或網頁故障。 重要客戶不滿。 發出內容不當的社群媒體貼文、電子郵件或其他通訊內容。
身心安全疑慮	團隊中有人遭到不當對待。 交付的產品損壞或故障。 有未登記／無人接待的訪客闖入建物中。

接下來，請檢查說話者的行為舉止是否透露出不堪負荷的跡象。如同急迫跡象，不堪負荷的表現也因人而異，但假如你發現說話者的言行與平時不同，且符合下表列出的跡象，就能合理假設對方已經精疲力盡。

根據說話者的言行舉止判斷不堪負荷的跡象

不堪負荷的跡象	不堪負荷的情況範例
不同往常的舉棋不定	太多填充詞。 較長時間、非刻意的停頓。 以不尋常的方式沉默不語。
一望即知的疲憊	出現明顯的黑眼圈。 神情疲憊，垮著臉。 比平常更沒精神。

顯得過於倉促	說話速度變快。 尋找物品或檔案時，顯得慌張不安。 點頭次數比平常多。

判斷是否需要推進型傾聽時，不必符合兩個類別中的所有跡象，只要發現至少一個急迫跡象「以及」至少一個不堪負荷的跡象，推進型傾聽便成為發揮同理心的舉動，即便當事人沒有開口要求，也可以主動採用。一旦發現兩種跡象都出現了，滿足說話者需求的最好方式，就是設想可行的協助方式、提出具體的方案，如有必要，也請重複一次提議內容。

不妨想像自己身在以下情境，藉此練習尋找上述跡象：

你和一位同事合作進行某項專案，兩人的職位和資歷都相仿。你們商量好要分配工作量，各自負責一部分，並約好在每週一、週三和週五碰面討論，其餘時間都自行處理。目前為止，專案進行得很順利，按照這樣的速度，在下週五的完成截止日前，就能完工了。

在截止當週的週一，你依約和同事碰面。今天的會議便由以下交流開場：

你：（面帶微笑並態度積極）嗨，我現在做的是上星期講到的部分。你做得怎麼樣？

同事：（稍微皺起眉頭，垂頭喪氣）嗨。那個，我本來是在做我負責的東西啦，就是競爭力分析，但今天都還沒空看（重重嘆一口氣）。很抱歉。因為昨天主管要我幫忙另一個專案，而且星期四就要交。我很想兩邊都做好，但我們這邊進度確實有點落後。現在要趕一下了。

聽同事說話時，你發現對方似乎不太想多聊，臉上也毫無笑容。就連打招呼時，嘴角也毫無上揚的感覺，但平常碰面時，對方通常都會面帶微笑。此外，同事也不如平時抬頭挺胸，而是垂下肩膀，看起來無精打采。在提到手上接到的新專案時，同事還幾度稍微聳肩，並從左到右搖了搖頭，甚至在語句之間還嘆了氣。根據以上觀察，你判斷同事目前感到很不自在。這表示，在此次互動中，支持型傾聽是必要手段，你可以藉此幫助對方轉換到較為自在的情緒中。

不過，你也發現這次的情況需要一點與平時不同的推進型傾聽。這一次出現了急迫的徵兆（同事本週不僅要趕一個交期，而是兩個），且對方看起來已快被壓垮（出現了疲憊的跡象），因此必須以特定方式「傾聽並推進」。

首先，你運用支持型傾聽的方式，接納同事的情緒：

你：（仿照對方的神情舉止，同樣垂頭喪氣、聳肩並面無表情）哇，好慘，你壓力一定很大。

接下來，你設想了一些可幫助對方的方法。於是你必須：

- 考慮需要哪些技能才能協助對方，以及你是否有能力接手。
- 考慮你是否有時間幫忙，如果有，可以撥出多少時間。

你想起同事提到自己在做競爭力分析，而你正好有能力接手，因為你之前也做過這樣的研究。你也迅速暗自回想自己本週的工作行事曆，發現還有充裕的時間可以接手同事負責的部分，同時兼顧自己的工作。

既然你在能力和時間方面都允許伸出援手，便可提出具體的方案。

請注意，這裡的「具體方案」指的不是問對方：「你需要幫忙嗎？」或「我可以幫你什麼？」

儘管你完全是出於好意，而詢問對方：「需要幫忙嗎？」或其他類似的問句，但這樣的問題反而可能給對方造成更多負擔，因為對方必須回應你的要求，思考你可以如何幫忙，反而多了件工作。反過來說，若想插一腳，不如自行觀察哪些事還沒有完成，並告訴對方可以幫忙的具體內容，如果對方接受了，就可以接手。

你：其實，我這星期剛好還有空。不然我們先取消星期三的會議，這樣你就能專心做星期四要交的東西，我也會繼續做我們的案子，競爭力分析也讓我做就好。等你弄好之後，我們再用星期五的時間完成這邊的專案。

如上所言，你明確指出了還須完成的部分，並提出協助同事的具體方案。於是，同事便深深吸了口氣，又慢慢吐出，這正是對方開始轉為自在的訊號。

接下來，同事沉默了一會兒，開始消化你所說的話。你便猜測對方想什麼，因為你也曾遇過別人主動提議幫忙處理專案，你一下便猜中同事在想什麼：「我真的可以請同事接手嗎？」因此，你便重複一次提議內容。

你：真的沒問題，我這星期剛好可以幫忙。我知道，換成是你，你也會盡量幫我啊。

當然，如果同事不想接受，你也希望尊重對方的意願。對方當然可以拒絕，也不必告知理由。

而在此，重複一次提議內容可讓同事知道你是認真的，但同樣的話也不宜說太多次，否則會顯得越界且冒犯。

不過，在這次的情況，同事欣然同意。於是兩人商量一下接下來怎麼做，之後同事先去處理另一個專案，你則先接手處理你們的案子。

在順勢傾聽訓練時，有些學員曾表示疑惑：「如果我想了一些辦法來幫忙，但發現自己沒有能力或時間，要怎麼辦？」如果，你迅速掃視印象中的工作行事曆後，發現自己行程滿檔，也可以這樣說：

你：不然這樣好了，我們先取消這次討論，你先專心趕進度，哪邊比較急就先做，我也會完成我的部分。然後，等你星期四交了另一邊的案子後，到時再看看情況。

如果你沒有接手的時間和／或能力，請考慮用其他方式幫忙：

- 可以取消這次會議，讓說話者有更多時間處理工作嗎？
- 有沒有其他團隊成員有足夠的時間和能力，可以伸出援手？
- 你是否有權限決定更改其中一個期限，或請別的主管幫忙改時間？

假如以上選項都不可行，那麼身為順勢傾聽者，最好的方式就是運用支持型傾聽。這麼做可以解決說話者的需求嗎？也許不能，但至少你可以在當下向對方表達同理心。

當然，不只有同事會遇到急迫又不堪負荷的情況，而需要推進型傾聽。在複雜的情況中，不妨也留意主管、下屬或客戶是否也需要「傾聽並推進」。若你能設想可行的協助方式、提出具體的方案，並在必要時重複一次提議內容，那麼你當然也能達到這些對象的需求。

在自己具備專業知識且失敗風險較高時推動進度

除了在情況急迫「而且」說話者不堪負荷時，可以「傾聽並推進」，如果你具備專業知識「而且」情況嚴峻時，也可以這麼做。如同先前舉例的複雜情境，必須同時具備兩種跡象，才有必要採用推進型傾聽的做法。

或許，以你的產業、公司或職位而言，你已具備了相當的專業知識。若你才剛入行，那麼時間久了，也會慢慢累積專業能力。但縱使你自視甚高，也不代表隨時都能給別人建議或擅自幫忙分析問題。如果每一次與人互動，你都想推動人員、專案和流程的進度，大家可能會漸漸認為你不信任別人，凡事都要一把抓。你可能還會成為職場控制狂，或自認為是萬事通，如果你經常在不顧他人意願的情況下，擅自下指導棋，更容易搞壞名聲。

然而，若失誤風險較高，就應好好運用專業能力來進行推進型傾聽。比如，你認定若不運用專業能力介入，說話者可能會失去某種重要的事物或面臨失敗，那便屬於高風險的情況。此類情況包含說話者本身或所屬組織名譽受損、對員工或客戶可能造成傷害，以及在營業表現上發生重大衰退等後果。高風險也可能表示若未善用專業知識，便會錯過達成重要成就或得到豐碩成果的機會。這些後果聽起來很嚇人嗎？這就是重點所在。因此，必須考量重要因素，來判斷風險高低。

如果你確實具備適當的專業能力，「而且」失誤風險很高，那就可以有技巧地提供建議，藉此達成說話者的需求。不過，你也必須保有他們拒絕的餘地。即使失敗風險很高，說話者也有權拒絕你以專業能力介入。

以凱爾文為例：他是位資深的主管，在與下屬喬丹互動時，便頗有應對這類複雜情況的經驗。他們每週會定期進行一對一會議。兩人的同僚關係良好，這些會議通常也會討論相同的主題：喬丹會向凱爾文報告目前專案的進度、討論關於喬丹工作上的一切疑問或疑慮，然後探討喬丹在職涯發展上的目標。這些會議相對比較不正式且著重討論，但在某次一對一會議時，喬丹說不知道該怎麼讀最近的專案簡介。

為了判斷失敗風險，凱爾文便在心中快速確認，並自問：「如果我不用專業能力幫忙，最後喬丹會搞砸專案嗎？」

為了解答這個問題，凱爾文便考慮了以下情況：這是喬丹第一次向高階主管做簡報。如果喬丹現在還沒開始動工，最終成果可能就無法達到主管的標準。此外，凱爾文也知道喬丹希望將來能擔任主管職。若這次交出差強人意的專案，可能會打擊他的信心，並失去獲得主管團隊青睞的機會。凱爾文知道，要是上面的主管對某人形成不好的印象，他們的想法通常就不會再改變。根據這些條件，凱爾文判斷失敗風險確實偏高，並且他的專業能力可避免喬丹犯下重大失誤。因此，他決定有技巧地提供建議。

此處所謂的「有技巧」指的是在用詞和神態中的人情味，和探討能力之間取得平衡，因為你的目標在於避免對方自認無能，無法自己推動進度。此外，對方也可能不太瞭解自己的處境有多艱辛，而你並不希望因為提醒他們而害他們更不自在。因此，透過比較溫暖的遣詞用字、表情、語調和肢體語言，可營造出合作的感覺，表示你並不是因為對方能力不足，才提供寶貴建議。你提議幫忙這一點，和你自己的需求無關，你只是希望對方能夠成功。若能妥善平衡人情味和對能力的討論，就能讓說話者瞭解你也站在他們那一邊。

善用溫馨的表達方式，也相當於以支持型傾聽為輔助手段。回想一下第9章的討論：在一切互動中，所有說話者都需要得到一些支持。於是，透過有技巧地提供建議，不僅能達到說話者對推進型傾聽的需求，也能滿足對方的情緒需求。

不過，「有技巧」也不代表要「非常」溫馨，導致犧牲專業能力的分量。畢竟，這是個失敗風險很高的情況，你希望對方能理解他們必須達到成功。為了釐清這一點，你必須透過主旨傳達你的權威和信心。說話者必須相信你是可靠的資訊來源，也就是說，你的用詞、表情、語調和肢體語言都必須反映這一點，因為你的目標是平衡人情味和對能力的探討，而非偏重任何一邊。凱爾文在有技巧地給予喬丹建議時，正是這樣做。

凱爾文：（溫和地微笑，並以適中的音量和語速說話）喬丹，不如這樣吧，既然專案期限快到了，如果你有興趣借重我的專業，我很樂意幫忙。需要的話，我可以分享要怎麼讀這份簡介，也可以幫你起個頭。

請注意，在有技巧地提供建議時，凱爾文用了兩個很重要的說法：「如果你有興趣」和「需要的話」。透過這樣的表達方式，凱爾文告訴喬丹，如果他不需要借重凱爾文的能力，也沒關係。對某些人來說，即使需要你協助推動進度，可能也很難說出口。有些人則喜歡自己完成工作、解決問題並達成任務，不需別人指導，這也無妨。但是，為了避免讓別人落入尷尬或防備的處境，都建議比照凱爾文在前述情況的做法，保有他們拒絕的餘地。

在運用專業能力協助之前，可用以下說法，讓對方有機會婉拒：「不依賴我的建議也沒關係。」或「如果你想自己處理，我不會介意。」此外，請再告訴對方，如果他們改變心意，認為還是需要借重你的專業，你總是樂意效勞。

請記得，雖然有些時候不適合說出想法和意見，但若失敗風險偏高，你也具備相關專業能力，就可以「傾聽並推進」，幫助說話者取得進展。若你認為自己的專業能力可幫助主管、下屬、同事、客戶或某群人，避免他們失敗，就可以有技巧地提供建議。只不過，請先確認你也給了說話者拒絕的餘地。如此一來，就能在別人心中留下恍若超級英雄般的形象，能提供專家的看法與意見——不過，也僅限於有人可能遭遇災難，並需要別人拯救時，才是伸出援手的好時機。

勇於表達，伸出援手

若是不論在一般或複雜的情境中，採用推進型傾聽對你而言都很困難，可以用以下這句神奇咒語，為自己做好心理準備：「我可以幫助這個人或這群人往前走。」如果你本身的順勢傾聽風格屬於支持型、細究型或判別型，重述這句話可能更有幫助，可以幫助你習慣以有助於推動進度的方式傾聽並回應。

若你對於嘗試前述技巧感到緊張或擔心做不好，請相信自己已經做出對的判斷，確認眼前的互動對象會因為推進型傾聽而獲益良多。不妨勇敢表達，伸出援手吧，接下來，你就能成為熟練的順勢傾聽者，配合主管、下屬、同事和客戶的需求傾聽。

CHAPTER 11

調整為細究型

如果你覺得，在所有順勢傾聽目標中，「傾聽並細究」看起來「就是最單純、老派的那種嘛」；這樣想很合理，因為一部分人對「傾聽」的定義就是專心地聽。在順勢傾聽訓練中，有位學員起先也表示：「細究型傾聽的目標才是『唯一』一種真正的傾聽。」但是，這位學員最後也學到了不同的定義：熟練的細究型傾聽只不過是順勢傾聽的一環——讀者想必都很清楚這一點了。

如果有人需要你理解並記得他們分享的資訊，你就必須「傾聽並細究」。在這類情況，說話者不需要你推動某件事的進展（如同推進型傾聽）、不需要你評估或評論資訊本身（如同判別型傾聽），也「不只是」需要你接納他們的情緒（如同支持型傾聽）。

沒錯，細究型傾聽的前提確實是專心，但所有傾聽目標都不例外。如果直接將「細究型傾聽」和「專心聽」畫上等號，可能會忽視這個類型的分量，並貶低為毫無難度、不費吹灰之力就能做到。

但實際上，在運用細究型傾聽方面，許多人都有困難，因為相較於其他傾聽類型，這一種傾聽方式看似「能做的」不多。即便傾聽者承認，在追求職場成就上，瞭解並記住資訊非常重要，細究型傾聽仍顯得態度消極。因此，在需要細究型傾聽的情況中，有些傾聽者會很容易分心，然後便心不在焉。儘管每個人都會分心，但若發生次數太多，長久下來你可能就會被貼上「不專心聽人說話」的標籤。

幸好，本章探討的技巧可幫助你將細究型傾聽視為目標導向的活動，並在一般和複雜情境中實踐。培養這些技巧不僅有助於成為順勢傾聽者，協助他人達到目標，也能讓你為追求短期或長期的職涯成就，做好更充裕的準備。

在一般的細究型情境中調整傾聽方式

在工作中，一般的細究型傾聽情境可能發生於團體與一對一互動中。在這些必須傾聽的情況，說話者通常會提供一些資訊來建構起整個脈絡，但你還不必立刻根據這些資訊採取行動。有時，即使資訊聽來與你無關，仍須仔細傾聽。

以團體傾聽情境而言，你可能很清楚，在同事和主管發言時一心多用或分心，是缺乏同理心的行為。但畢竟人非聖賢，總有分心的時候。你懂的……像是稍微看一下電子郵件，或搞定開會前原本快要完成的工作。如果你已經知道自己不必根據聽到的內容馬上行動，或不必立刻回應說話者，確實就很難專心聆聽。也許，在一對一互動時，你比較不會一心多用，但仍可能很難記住說話者分享給你的資訊。在這一節要探討的技巧，正是為了協助你在一般的細究型傾聽情境中，仍可專注於當下、記住聽到的資訊，或許還有機會與同事和客戶培養更穩固的關係。

在建立對背景的瞭解時仔細探究

請回想一下，最近一次你到一家新的機構任職，或調進新部門的情況，當時你也許便有很多傾聽的機會。有時，你需要推進型傾聽，比如有人告訴你如何設定公務電子郵件，或必須馬上在哪些表格上簽名，這時就得聽清資訊，然後採取對應行動。

但是，在新進人員訓練的其他部分，未必需要立即做出任何回應，比如你聽了員工資源簡介，或有人向你說明這家公司的願景和使命，此時的目標便是提供背景資訊，建立起你對整體情況的理解，之後就不必一再重新說明了。

這類建立脈絡的舉動，在工作上很常見，也許比你能想到的還更多。可以將建立脈絡想像成為了充分理解某個議題，而必須先蒐集資訊。比方說，ＩＴ部門也可能提早通知系統更新的消息，雖然不會馬上進行而打斷你的工作，但還是先公告一下，以免到時你突然看見畫面轉圈圈，以為要轉到天荒地老而幾乎恐慌發作。或者，新客戶可能會詳細說明一些近期遇到的問題，以及他們用了哪些方法來努力修正，為的就是讓你先瞭解情況，才能充分理解他們遇到什麼困難。

即便任務（還）沒有落到頭上，也可以運用以下細究型傾聽的技巧（視情況採用其中幾種即可）：記下關鍵詞、換個方式重述資訊、連結到某種情緒，然後以視覺化方式呈現資訊。這些技巧都可以提高你記住資訊的機率。假如你無法在傾聽時花費額外心力處理資訊，可能就得付出一些代價，如同以下阿潘和學習發展部（簡稱學發部）主管互動的例子：

阿潘正在聽公司學發部的簡報。在簡報尾聲，學發部主管宣布了最後一項資訊。

學發部主管：還有一件事我要告訴大家，下一季我們會請所有人完成「無意識偏見訓練」，應該會很實用。目前還在準備中，大家什麼都還不用做。等到開始訓練前，各位會再收到通知，也會預留足夠的時間讓大家完成，不必額外花時間。就先這樣。

在學發部主管說出「大家什麼都還不用做」這句話時，阿潘便決定：「好，我應該把目光放在簡報者身上、微笑，然後點頭，給對方輔助的支持型傾聽。」但是光憑支持型傾聽，阿潘並未真正花心思記住聽到的資訊。她的確有聽到，甚至微笑和點頭了，但基本上也只是左耳進右耳出。

到了下一季，阿潘收到一份通知，寫著：「請完成這次精彩的訓練」，她困惑地想：「這是啥呀？」便決定去向經理問個清楚。經理表示就是上一季他們提到的訓練，所有人都要完成。

現在，如果阿潘還有疑問，只要請經理說明就好了。看來沒什麼問題，阿潘也立刻將訓練加入待辦事項清單。但是，不論她有意或無意，都已透露自己在上個月會議時，沒有以正確方式傾聽的事實。

為了讓自己確實記得有訓練這回事，阿潘可以嘗試記下關鍵詞。在建立背景資訊的情況中，簡單記下幾個關鍵詞可幫助自己記得資訊。所謂記錄關鍵詞，指的是傾聽並寫下一些專有名詞，例如人員、地點、部門、產品／服務和活動。如果習慣記下有關時間的資訊，也大可以加入筆記之中，比如新／舊、現在／稍後、快／慢，以及日期／期限等。

寫下關鍵詞可刺激自己回想。接下來，可養成當天或隔天一早就回顧筆記的習慣。若能盡快回顧，就能提高記住資訊的機率。

如果你認為：「即使我寫下關鍵詞，之後再來回顧，也可能會忘記啊。」那麼，這裡得特別指出：記下關鍵詞正好能保存紀錄，可以提供你事後參考，不必一直請教別人。比方說，假如阿潘當時便記下有「無意識偏見訓練」這回事，後來可能就不必去問經理了。

第二個可幫你記住背景資訊的技巧是「換個方式重述資訊」。「換句話說」就是用自己的話重新說一遍說話者講過的內容，但未必只能大聲說出口，因為這樣做可能會打擾別人，在某些場合也不太恰當。不妨換個方式，在心裡用別的話重寫一遍。請嘗試自己重新組織聽到的資訊，或者以不同用詞記下來，提供日後參考。以阿潘的情況來說，她可以用不同的說法，將資訊記在心中，比如「無意識偏見訓練的時間是兩個月後。」相較於單純重複相同的資訊，重述在認知方面更加費力，但抽換詞面可讓大腦有機會以不同方式記得資訊。畢竟，努力總可能帶來更多收穫。處理資訊時，若在認知方面投入更多力氣，就更可能刻入記憶中。

接下來是記住背景資訊的第三種技巧：「連結到某種情緒」。心理學與神經科學研究指出，情緒和記憶緊密相關，人會將牽動情緒的事件以更鮮明且更精確的方式記在腦中，記憶也會留存得比不牽動情緒的事件還久。請回想工作生涯中，是否有某個印象深刻的時刻，如果有，這個經歷很有可能就涉及強烈的情緒反應。比如說，因為獲得升遷而特別開心，或成功完結一項專案後，感到無比驕傲，或因為有人粗心大意，延誤你的進度而讓你怒火中燒。你可能不記得所有細節或小地方，但既然這些經驗和情緒相連，你就更有可能對曾經發生這些事留下印象。

為了更容易記住聽到的內容，可以先問自己：「這個資訊給我什麼感覺？」請幫自己的心情上個標籤，不一定要是正面的關聯。

對於學發部主管公布近期訓練的資訊，阿潘可能不會產生緊繃的情緒反應，但若她深入挖掘一番，也可能產生一些情緒，並連結到相關資訊。她可以自己消化這些情緒、寫在備忘錄，還可以在簡報結束後留言給同事：

- 「『無意識偏見訓練』聽起來很有意思，很期待、很想知道會講什麼。」
- 「下一季會收到『無意識偏見訓練』的信，到時候可別嚇到。學發部主管說，我們會有很多時間可以完成。」
- 「學發團隊居然要推這個訓練，教大家怎麼樣避免偏見妨礙工作——我覺得太好了。」

不過，即便要對資訊產生情緒上的連結，也不必太刻意。不必違背自己真實的感受，假裝你覺得聽到的事情有多刺激或驚心動魄，但也不妨尋找看看，有沒有什麼情緒可以和資訊產生關聯？如果真的有，才更有可能記在腦中。

最後一種可幫助你記憶背景設定資訊的方法，就是視覺化。「以視覺化方式呈現資訊」涉及創造與內容相關的心像，可大幅提高記住內容的機會。語言文字本身會左耳進右耳出，但研究指出，若搭配視覺化思考，更可能記得資訊。

若要有效將資訊視覺化，可閉上雙眼，在腦中想像場景，並盡可能加上細節。比方說，阿潘可以用下列視覺化方式處理資訊：

- 想像自己下一季進行訓練的樣子。
- 想像訓練通知寄到信箱的那一刻。
- 想像她在完成訓練後，獲頒的結訓證書。

在建立背景資訊的情況，視覺化處理也許不能幫助你記得所有細節，但至少可以記個大概。如此一來，就能避免必須重新理解相同的背景，或依賴他人幫你補進度。

在必須實際行動前，經理、主管、同事和客戶都可能先向你提供背景資訊，因此不妨嘗試一下這些技巧：記下關鍵詞、換個方式重述資訊、連結到某種情緒，再以視覺化方式呈現資訊。

找出最適合自己的方法後，就能先記住背景資訊，並成為可靠且有效率的貢獻者。

在建立團隊文化時仔細探究

或許讀者聽了會很吃驚，但建立團隊文化確實是一種常見的細究型傾聽情境。建立團隊文化指的是以一些活動和做法，來強化團隊成員間共享的一套價值觀、目標和行為。聽到「建立文化」，你可能會想到連結、合作和團隊活動，一切既溫馨又柔軟，便假定在團隊建立情境中，支持型傾聽才是最佳選項。這話也沒錯，畢竟所有情境都需要一定程度的支持型傾聽，但在建立團隊文化的情境中，通常需要的是細究型傾聽。為了說明原因，來看看梅根和妮可的團隊在每週團隊交流怎麼做：

如果你參加了杜爾特溝通服務部門的週一聚會，就會看到遠端團隊中的寫手、策略規劃人員和培訓人員齊聚一堂，他們遍布三個時區，平時也經常與世界各地的客戶碰面討論。會議會花二十五分鐘評論自己最近狂追的節目或播客（Podcast）、簡單介紹目前在虛擬購物車裡都存了什麼、轉述家人隨口一說的評論、分享可愛的小朋友影片，並大致回顧一下自己週末的時候出了什麼糗。

有些人可能不太善於應對這類建立文化的情境，因為明明是康樂活動，卻要他們用心理解並記住細節，感覺就是在浪費時間。比如，你來聽客座講者分享，卻不全心沉浸在講者談論的資訊，而是不斷評斷和批判內容（像個判別型傾聽者一樣）。或者，你參加團隊活動的小組討論，一心想拉著整群人往終點線衝（像個推進型傾聽者）。也或許，你太在意講者或團隊成員的感受，因而沒有心思再去吸收資訊（像個支持型傾聽者）。假如你不太善於應對建立團隊文化的情境，可以嘗試發揮好奇心、提出探詢性問題，並呼應先前話題等方法。

來看看萊里的例子：萊里在一家科技公司擔任專案管理人員，正準備和三位同事開會，就他們一同進行的專案討論幾個可行選項，並選出其中一個。萊里第一個到場，不久後另一位同事也來了。然後，兩人等著。三十秒過去。六十秒過去。時間不斷流逝。

如果沒有全體到齊，就沒辦法討論可行選項，因此萊里必須二選一：在尷尬的沉默中痴痴等著，然後和準時出席的同事大眼瞪小眼，講好先各自做自己的事情，等其他人到再開始——或者，可以發揮好奇心，利用這個臨時的團隊建立情境，與對方交流。

發揮好奇心指的是主動表示想瞭解對方的事情。從你有興趣的話題開始，會比較容易。可以把「發揮好奇心」想像成發自內心想瞭解他人，並從他人身上學習。如此一來，在「傾聽並細究」時，也有助於建立一個重視包容、培養同理心並鼓勵參與的文化。擁有這些文化的公司往往更容易達到目標，員工也會比較快樂。若員工心情愉快，也更願意留在公司，進而避免流動率高所帶來的成本，並避免影響公司形象，導致徵才不易。

因此，你可以詢問同事一天過得如何、關心他們做的專案、提起某個時機湊巧的全球性活動，甚至是你看到他們辦公桌或虛擬背景上的某個東西，而感到好奇。在此，在等待其他同事出席時，萊里選擇討論一個簡單的主題——同事的工作狀況。

這位同事一向不是以健談著稱，於是萊里再加上第二種技巧：提出探詢性問題。可以回想一下，有時你是否會以追問的方式邀請說話者多說一些，而不是強迫對方尬聊。如果是與一群人一起聽某人說話，你可能會設想在說話者發言完畢後，或事後以電子郵件或傳訊息交流時，可以問對方什麼探詢性問題。

而在這個閒聊時刻，萊里結合了探詢性問題與輔助性的支持型傾聽，並鏡像模仿同事表現出的情緒（關於鏡像模仿的說明，請參閱第9章），設法與對方攀談。大家開始開心地聊起自家失控的小孩。

就在這時，另外兩位同事也到了，該談公事啦。但首先，萊里也不忘先邀請新來的人加入對話。接下來，幾個人便探討專案的選項，最後做出決定。會議結束前，萊里決定採用最後一項建立團隊文化的技巧：呼應先前的話題。

在細究型傾聽時，「呼應」指的是重提稍早提過的某件事。在此種情況下，呼應的重點在於告訴對方，你理解並記得關於他們的某件事。透過呼應，可以加強「建立團隊文化也是善用大家的時間」這個想法。回到萊里的例子。在會議結束時，萊里便善解人意地運用了呼應法：

同事：好，終於選好了。我今天就會整理好備註，然後寄給你們。

萊里：太好了！（微笑）那我週末時就寄一點正向的可愛小朋友影片給大家吧。

即使大家沒有深入討論自家孩子的大小事，這仍然成為一個珍貴的交流時刻。不僅如此，萊里也得知了新資訊，將來和同事對話時就可以派上用場。如果萊里沒有運用上述幾個技巧，可能會錯過建立關係的重要機會。假如不斷放掉這些機會，久而久之，別人可能會認為萊里是個不太親切，或對別人漠不關心的同事。

不論這是和同事或客戶之間的私人交流，或帶有明確目標的特殊場合，都可以善用細究型傾聽，主動參與建立團隊文化的過程。透過發揮好奇心、提出探詢性問題，並呼應先前話題，不僅對整個組織有好處，也能幫助你與其他人建立穩固連結，進而有利於達成長期的生涯目標。

在資訊看似無關時仔細探究

在第7章裡，大家已經讀到傾聽L.E.N.S.會在新資訊與自己無關時失焦。要是你依舊很困惑：「如果這些資訊跟我沒關係，真的一定要聽嗎？」那可不是只有你這樣想。我們本身就是判別型和推進型聆聽者，起初也有過這種掙扎，但後來得出了答案，就是毫無疑問的「要聽！」原因是在「傾聽並細究」時，你可以向主管和同事表現出你尊重他們本身，以及他們對完成各自的目標、計畫或專案所付出的努力。這麼做不僅可取悅他們，也能為更信賴彼此的職場關係打下良好基礎。

畢竟，專業人士未必都受過完整訓練，能夠在所有場合傳遞與受眾切身相關的訊息。也就是說，身為傾聽者，你有三個選擇：你可以①直接離開互動現場，但可能會讓人覺得你沒禮貌，也不得體。或者，②假裝你有在聽，並開始一心多用，但這同樣頗為失禮，而且要是突然出現和你有關的資訊，你也可能會錯過並給自己惹麻煩。最後，你還可以③詳盡記下聽到的內容，並發揮好奇心，藉此給人留下你是用心的傾聽者，也是可靠的夥伴等印象。

以下就透過行銷企劃人員艾德溫的例子，來更進一步說明這幾點：

艾德溫參加了一場線上舉行的季度會議，其中會由各部門主管向大家報告工作進度和新目標。此時，輪到行銷部的副總經理打開麥克風，並開始簡報，艾德溫便集中注意力。他已準備好採用推進型傾聽的方式，因為副總分享的新消息通常都和他的工作直接相關。他打開鏡頭，並在電腦上開啟一份文件，呈現出他的筆記（這個技巧在第10章曾提過）。

沒錯，行銷部副總確實提到了公司的社群媒體宣傳活動可能面臨的變動，這剛好是艾德溫手上的案子。他便寫下筆記，留待事後向主管追問這些變動會如何影響目前的工作流程。

行銷部副總發言完畢後，接下來由工程部副總報告。艾德溫本身不是工程師，也完全不清楚工程部的工作內容。因此，他想關掉鏡頭，並偷看一下信箱裡堆積如山的未讀郵件——但他忍住了。他選擇開著原本的文件，在這位主管發言時詳盡記下聽到的內容。

艾德溫選擇幾乎一字不漏地記下工程部副總所說的內容，就只是為了維持注意力。這部分的筆記看起來簡直是人工智慧產生的逐字稿，卻可以幫助他避免分心，做到「傾聽並細究」。此外，他也在工程部副總發言時，繼續開著鏡頭，適時透過放鬆的表情和點頭等舉動，增添一點輔助性的支持型傾聽，讓這位主管覺得自身發言受到了重視。

在資訊似乎不和你切身相關時，第二個可改善細究型傾聽成效的技巧就是「發揮好奇心」。雖然這個技巧也能用來建立團隊文化，但在這裡的使用方式不同。在傾聽時，與其抱著內容和自己一定無關的心態而隨便對待，不如推測這些資訊「可能」會和你有某種關聯，而保有好奇心。

- 有沒有可能藉由細究型傾聽，進一步瞭解其他小組或部門如何完成工作？說不定，可以學到不同觀點，並套用到自己的工作上。
- 有沒有可能藉由細究型傾聽，瞭解另一個小組或部門為什麼沒達到目標？說不定，你能藉此獲得洞見，學到如何避免未來發生相同失誤。

- 有沒有可能藉由細究型傾聽，瞭解另一個小組或部門為什麼達到超出目標的表現？說不定，可以學到某種策略，並在追求自己的目標時善加運用。
- 有沒有可能藉由細究型傾聽，進一步瞭解另一個小組或部門如何跨部門合作？說不定，你可以更瞭解整個組織如何作為一整個系統來運作。往後，不論你的生涯發展走向為何，都能因為擁有這樣的觀念而獲益良多。

在複雜的細究型情境中調整傾聽方式

除了一般的細究型傾聽情境，在較複雜的情況中，確認是否需要「傾聽並細究」會比較困難。即便聽者發現必須採用細究型傾聽的方式，許多人也可能沒受過良好訓練，不知如何以正確的方式來傾聽並回應。複雜的細究型傾聽情境有兩種：對方必須討論某個概念時，以及有人要傳達壞消息時——兩者都可運用一些技巧來幫助說話者和自己滿足需求。

在對方需要將想法說出口時仔細探究

在第一種複雜的細究型傾聽情境，說話者往往因為腦中有個還未成形的想法，而需要說出來與人討論。有時，同事或客戶可能會表達自己需要找人討論，將腦中的想法說出口，好想個清楚。他們可能會說：「我要談一下這件事，釐清一下。」或「讓我邊講邊想，可以嗎？」當然，說話者未必都這麼直接，也許他們的確有這樣的需求，只是沒有明說。也有可能，他們根本沒發現自己需要這樣做。

不過，你也可以尋找他們在語調和肢體語言中透露的線索，判斷他們是否需要細究型傾聽。如有需要，可以詳盡記下聽到的內容、把筆記唸給對方聽，來幫助他們更清楚自己說了什麼，然後提出釐清的問題，這不僅能讓你更瞭解資訊並牢牢記住，更重要的是，說話者也能因此更快速整理好想法。

在順勢傾聽訓練時，學員有時會問：「我怎麼知道這個碎碎唸的人不是需要推進型傾聽？」在第10章，我們曾經提過，需要推進型傾聽的複雜情況有其條件，僅限於有急迫性「而且」說話者不堪負荷，或失敗風險很高「並且」你有相關的專業能力可幫上忙時。但是，若已知說話者不急著確認自己的想法，看起來也沒有明顯壓力太大，就是細究型傾聽派上用場的時候。

以蘇尼爾為例：蘇尼爾是位教學設計師，正和訓練引導員瑪俐雅開會。蘇尼爾負責為所屬機構製作內部使用的專業發展和學習課程，瑪俐雅則負責向不同團隊講授這些訓練內容。

兩人這次必須為一門新的訓練課程進行規劃並備課。準備時間還很夠，畢竟他們都是專家，訓練本身也要六個月後才舉行。蘇尼爾和瑪俐雅一起討論，雙方輪流發言，頻率相當，但現在，輪到蘇尼爾回應時，他突然停頓了很長時間，中斷了討論。當蘇尼爾又開口時，瑪俐雅便安靜地觀察他的舉動。

蘇尼爾：（邊踱步邊看著地板）如果我們……不行，那行不通。好，如果我們這樣做：把第一課和第二課的順序對調呢？還是說，這部分的課程可能就——（沉默）可能要——搬到最前面去？……但是，那樣的話（四處張望），也許要交換——好，也許換到中間。嗯，好，如果這樣的話，我想這個練習——可以放在這邊，不要放那邊……

在這過程中，蘇尼爾釋放出好幾個訊號，包含他說話的音調和肢體語言，瑪俐雅便可藉此得知他需要把想法說出來。在這類的情況中「傾聽並細究」時，可以尋找類似的言語和非言語線索，如下表所列。當然，這份表格的內容並未列出所有可能出現的線索，實際表現也因人而異。

說話者需要將想法說出口時，所透露的線索

言語線索	非言語線索
使用片段的用詞和語句	開始踱步
開始喃喃自語地陳述看法，並用問句表達	四處張望，好像在尋找想法的靈感
在句子最後聲音越來越小	猶豫地搖頭又聳肩

瑪俐雅察覺這些線索後，便抓起筆和記事本，逐字寫下聽到的內容，記錄蘇尼爾所說的每句話，而不只是她認為重要的內容。畢竟，兩人都不知道哪個想法才值得保存。

相較於為了讓自己記得資訊而仔細做筆記，在有人需要說出想法時，這些詳細的筆記不是為了你自己而寫，而是為了說話的人。有時，說話者會藉由將想法說出口，來設法解答問題，但也因此說著想著便忘了剛才靈光一閃的好點子。

比起一般的細究型傾聽情境，在複雜的情境中，逐字記下對方說的話可能更不容易。只要說話者開始喃喃自語，就很難跟上他們的思路，但要當場判斷哪幾句話裡會突然冒出有用的想法也不容易，不如先盡可能記下來。

瑪俐雅便開始仔細記下蘇尼爾提到的想法，同時間他繼續說著……

蘇尼爾：（仍在周圍踱步）好──如果我們把這一課和這組新的練習題放在一起，就能挪出空間，給這個第三課的活動──噢（沉默片刻），但我們是不是要把這個討論移到別的地方？整體安排是不是很順……

終於，蘇尼爾不再喃喃自語，也將視線重新與瑪俐雅相對。這時，瑪俐雅就可以把筆記唸給對方聽，幫忙他整理這些內容。她知道，這樣做可以幫助蘇尼爾釐清自己說過的話。

在瑪俐雅將筆記讀給蘇尼爾聽之後，她便準備好提出釐清的問題了。這不只是為了確認自己確實瞭解也記住了前面聽到的資訊，更重要的是能引導蘇尼爾更快釐清思緒。

釐清的問題和探詢性問題不同：提出探詢性的問題是為了蒐集更多資訊，釐清的問題則是為了確認傾聽者已經理解資訊。若說話者需要說出自身想法，通常不會讓傾聽者等著聽到更多資訊——他們自己就會不停說出一大堆。此時，說話者需要的，是藉由一些問題來幫自己從話語的大海中撈出真正想說的想法，提出釐清的問題就是最合適的方式。

小結一下，若遇到同事、下屬、主管或客戶為了釐清想法，而需要將想法說出口，那麼詳盡記下聽到的內容、把筆記唸給說話者聽，再提出釐清的問題，就是非常好用的策略。如此一來，就能為說話者創造整理思緒的餘裕，也不會打斷對方、評斷好壞，或過度鼓勵，也能藉由幫助他們找出藏在一字一句中的好點子，成為對方的敦促好夥伴。

在聽見壞消息時仔細探究

第二種必須留意的複雜細究型情境是「傳達壞消息」，會讓人不太愉快，但總得面對。得知壞消息時，你很可能會陷入不自在的情緒。如果是關於公司的壞消息，你可能會擔心公司在市場上的地位有危險。你也可能擔心公司的長期發展，並開始考慮自己是不是還要把青春和才能投資在這裡。如果壞消息涉及你密切合作的同事或團隊，你可能會為他們難過，或對壞消息是否會影響你的職場關係而不安。假如壞消息對你有直接影響，你也可能陷入傷心或憤怒之中。

我們曾在第9章提到，人難免會把情緒帶到工作中。第9章的重點在於應對說話者的情緒，加以接納並幫助對方感到更自在。但是，你的心情也很重要！尤其在收到工作上的壞消息時，更容易令人緊張、焦慮、傷心或憤怒。如果這些情緒變得很強烈，也許會影響你運用傾聽並細究的能力，然而，細究型傾聽卻也是在得知壞消息時，必須採用的傾聽方式。請記得，細究型傾聽的重點在於瞭解並吸收你所聽到的資訊，因此即便是必須接收壞消息的情況，不論你有什麼感覺，仍得設法好好理解並吸收這些資訊。

在這類複雜的情況中，細究型傾聽技巧的重點不在於傾聽方式，而是調整為自在的情緒狀態。如此一來，你就能更集中注意力、真正吸收資訊——也才能做到傾聽並細究，好好接收壞消息。

在這樣的時刻，可以先檢視自己的情況，確認是否符合以下一項或多項特徵，如有，則表示你的情緒很亢奮，此時不太適合進行細究型傾聽：

- 握緊拳頭、咬緊牙關或出現其他肌肉緊繃現象
- 心跳很快
- 感覺臉部、脖頸或胸口通紅

- 泫然欲泣
- 呼吸急促
- 聲音顫抖不穩
- 思緒不斷飛過腦海中

如果你的情緒反應正以上述任一種方式放大，可先運用下列技巧安撫情緒，做好準備，再轉換到細究型傾聽：先和自己討論一下這些情緒、設法平靜下來，並請別人給你一點時間消化資訊。

「先和自己討論一下這些情緒」指的是承認自己的情緒並標籤歸類，而非選擇忽略。不過，並不是每個人都適合和自己喊話。如果這樣做不適合你，也可以嘗試改變身心狀態，設法平靜下來。不如做個深呼吸吧。即使是一對一會議，也可以用緩慢平穩的方式深呼吸，同時又不會把注意力集中到自己身上。慢慢吸氣，讓空氣吸入鼻腔，再緩緩從嘴巴吐出，這麼做可以讓加快的心跳和衝高的血壓都緩和下來。深呼吸幾回以後，相信你會更冷靜一些，更能投入細究型傾聽中。

身心連結也是一種達到平靜的方法。心理學家艾美．柯蒂（Amy Cuddy）曾在她頗受歡迎的ＴＥＤ演講與著作中，解析了身體姿勢如何刺激心理變化。柯蒂的研究推廣了「權力姿勢」（power pose）這個概念，意即姿勢可以傳達力量、自信與開放的心態。柯蒂發現，如果維持權力姿勢兩分鐘，比如雙腳張開而立，雙手放在臀部上，就像神力女超人一樣，馬上就會覺得更有自信了。

如果在接收壞消息的過程中，做出明顯的權力姿勢感覺太尷尬了，不如試試其他的選項：

- 掌心朝上：若審視自己的生理狀態後，發現雙手肌肉繃緊，可以嘗試鬆開拳頭，並將掌心朝上。在瑜伽中，掌心朝上的姿勢會表達出開放與意願。將掌心朝上，並放在大腿上，就會告訴大腦你已準備好接收當下傳遞給你的資訊。心理學家瑪莎．林納涵博士（Marsha M. Linehan）便將此技巧稱為「接納的雙手」，因為此動作可幫助你完成某件大腦不樂意做的事——比如變得更坦然接受壞消息。林納涵也是辯證行為療法（Dialectical Behavior Therapy，簡稱ＤＢＴ）的創始人，這是一種為經歷頻繁情緒震盪者所設計的談話療法。林納涵指出，「接納的雙手」對於減輕憤怒或挫折感特別有效。在站立時，可將雙手垂在兩側，再將掌心朝向前方，也能帶來同樣的效果。

- 淡淡一笑：這是另一種DBT技巧，是以非常細微的方式來緩和不自在的情緒。淡淡一笑不等於做出一個大大的假笑，因為在聽到壞消息時微笑會顯得怪裡怪氣，也可能不太恰當，甚至很邪氣。適當的做法是稍微揚起嘴角，並放鬆下顎。若在接收壞消息時蹙眉或沉下臉，會鼓勵大腦選擇不自在的情緒。但若淺淺一笑，就能告訴大腦：「沒事，你在這裡很平靜，很安全。」

改變了姿勢，心態也能改變。以上任一種方式都是為了幫助你回到更容易掌控的情緒狀態，並準備好「傾聽並細究」。其實，這些技巧最大的好處，是即使在別人面前聆聽壞消息時，也能以細微的方式達成。

陷入高漲情緒時，即便已嘗試過與自己對話或力圖平靜等方法，仍然可以請別人給你一點時間消化資訊，不必不好意思。待你釐清這些情緒確實在阻撓你接受壞消息，這時無論要嘗試調整心態或姿態的技巧，都請告訴說話者一聲，讓他們知道你需要一些時間沉澱，才能完全吸收並回應他們所說的話。若為當面互動，可能必須暫時離開現場，若為虛擬會議，則可告訴對方，你需要先關掉鏡頭一會兒。在這段私人時光，或許可嘗試幾種前文提過的平靜技巧。或者，痛哭一場、大聲地自言自語、放聲尖叫，或爆搥枕頭一頓（總之，就是一些不好意思在別人面前做的事）。

請向告知壞消息的人誠實表達你的難處，承認你無法立刻處理他們所說的所有資訊，這麼做反而可讓雙方更有效調整對話走向。可請對方將會議後續部分挪到當天其他時段，讓你有點空間咀嚼對方剛才說的話。在自行消化之後，才更可能有心情提出追問的問題，或蒐集更多資訊。

但是，在接到壞消息時，也不只有你的心情很重要，負責傳遞消息的人也會有情緒需求。在這類複雜的情況中，順勢傾聽者會知道自己也必須考慮說話者的感受。在聽到別人傳達壞消息時，要這麼做並不容易，但即便要在這類情況中提供支持型傾聽很困難，卻也有調節傾聽者自身情緒的作用。根據相關研究，若能對他人表達同理心，自己感覺也會好一點。

在接收不幸的消息時，你需要「傾聽並細究」，而這會涉及將注意力放在理解與吸收耳中聽到的資訊，因此請記得務必先做好心理準備。否則，可能就無法專心聽對方說話了。你可以先和自己討論一下這些情緒、設法平靜下來，並且／或者請別人給你一點時間消化資訊。既然調節情緒的技巧帶來的結果不一，會依個人差異、所處情境和整體脈絡而不同，不妨在各種職場情境中嘗試每一種技巧，看看是否適合你。

勇於表達，投入當下

假如在一般或複雜的情境中，細究型傾聽對你而言都很困難，不如試試這句神奇咒語：「我現在一定可以處理好這些資訊。」藉此調整好傾聽的心態。如果你本身的傾聽風格是支持型、推進型或判別型，重複這句話的幫助會更大。接下來，你就能準備好處理並回應聽到的資訊，進而能記住並回想說話者分享的資訊。

如果你比較習慣在職場互動中主動參與，那麼要調整為細究型傾聽，可能就特別費力。不過，請記得：「傾聽並細究」不代表你的大腦停止思考，你仍得投入當下，並與資訊互動。也許你還不清楚其中緣由，但在適用細究型傾聽的情境中，你所吸收到的知識，都能為所屬組織和個人生涯發展帶來很大的好處。那就勇敢一點，把握當下吧。即便資訊乍聽與你不太相關，即便聽到了這些資訊之後，也不必採取任何行動，即便傾聽當下情緒高漲，只要設法做到「傾聽並細究」，就能成為他人眼中的順勢傾聽者，能夠滿足說話者的需求。

12

CHAPTER

調整為判別型

在職場溝通中，難免得對資訊進行評估，判別型傾聽往往便能發揮關鍵作用。同事、主管、客戶和合作夥伴都需要你判斷他們的想法好不好，並幫忙找出潛在風險。有些人可能會主張，傾聽絕對不該帶有批判，但在某些情況，若沒有判別型傾聽，便可能錯失良機，或無法阻止失誤發生。

如果一想到要指出潛在問題或疑慮，你便緊張起來，別擔心，很多人都會這樣。的確，不是人人都能自在運用判別型傾聽，但在一些常見的情況中，總有些時候說話者或整群人會做好準備，對你的評斷洗耳恭聽。那麼，發展相關技巧當然很重要了。在專案或流程的評鑑階段，或基於你的職務性質，旁人都可能會直接請你評論。但即便聽到評語是意料之中，甚至是家常便飯，接受批評都不容易，因此不妨善用策略來回應。

還有一些更為複雜的情況，你會察覺與你互動的人或群體需要判別型傾聽，甚至在他們自己產生需求前，你便可能早一步預料到。若是如此，通常必須在對方對於批判性意見的需求，與隨之造成的不自在情緒之間，更加小心取得平衡。如果你本身就是判別型傾聽者，或許不太習慣在評論的同時表達善意，但也別擔心，這一章會告訴你怎麼做。

判別型傾聽的用意是以評論的角度分析資訊，進而評估優勢與弱點。本章會介紹幾種技巧，讓讀者可以在一般與複雜的情境中養成順勢傾聽的能力，學會在正確時機以正確的方式提供評估意見。

在一般的判別型情境中調整傾聽方式

職場上經常出現一般的判別型傾聽情境，比如有人請你評論他們的簡報、提案、專案或流程。或者，有人請你針對他們近期的某個互動場合，幫忙模擬可能會聽到的反對意見，因此可能需要你找出假想中的警訊、對他們的論點挑毛病，或設想最糟的情況，好讓他們能對屆時的嚴酷提問或評語預先準備。

可是，在一般的判別型傾聽情境中，有一種情況是說話者並不會主動請你評論，也就是由你指導對方的情況。在這類情況，你或許可根據情境本身和說話者釋放的一些訊號，自行判斷是否必須採用判別型傾聽的方式。

即便以上三種情況都很常見，也是工作上可以預料的，仍不代表你總是很清楚該如何做到最有效的判別型傾聽。即使你本身就是判別型傾聽者，以下技巧仍可發揮作用，幫助你超出說話者的需求，提供給他們更多回饋。

為了評論而做出判斷

在別人請你評論時才評論，方為明智之舉，否則可能會製造尷尬處境。除了特定的判別型情況（繼續往下讀就會告訴你），只要說話者未直接開口請你評論，都請避免擅自出意見。要是在對方沒有心理準備時，便擅自指點，反而可能打擊他們對自己的信心。他們可能會懷疑自己是否有能力完成工作，或自己是否真的能夠判斷優缺點所在。因此，要得知說話者是否準備好接受批評，最好的辦法就是等對方先開口。

如今，大家對「批評」一詞的印象可說是不怎麼好，有些人聽到「批評」這個詞，往往都會聯想到否定的意見，但這個假設未必為真。批評可指出表現不佳的部分，也可以指出優異之處，事實上，批評同時包含正面和反面意見。每一次評論時，你提出正面和負面評價的比例果真會各占一半嗎？有可能，也未必如此。有些情況下，相較於「表現良好」的欄位，你可能會更踴躍填寫「有待改善」的欄位，反之亦然。重點在於回應說話者當下的需求：對於他們所分享的意見，說話者可能需要你說出一些誠懇且明確的評語。

等到說話者主動請你評論時，就可以透過以下四個步驟來提出：首先，確認雙方的判斷標準一致，也就是確認雙方對批評對象和方式的認知一致。接著，寫下關於判斷標準的備註，以有條理的方式記下你的評論。在提出意見時，也務必針對每一條評論說明理由，只要簡單說明提出各個意見的原因即可。最後，總結你的判斷，從整體角度向說話者彙整所有評論內容。

來看看瑞吉的例子：瑞吉是營運部門主管，正準備向高層申請增加預算。他做了一份提案，其中提出與預算請求相關的特定說明，包含申請更多經費的理由，以及瑞吉和他的團隊預計如何使用這些追加的預算。寫好之後，瑞吉寄了封電子郵件給同事莎拉，並直接提出要求，希望莎拉給他一些意見。

莎拉知道，她必須先確認這次的互動需要的是輔助性或必要性的支持型傾聽（如第9章所述），因此為了判斷瑞吉的情緒狀態，她便提出以下問題：

莎拉：那麼，提案做得還好嗎？

瑞吉：（微笑，姿態放鬆，聲音平穩且音量適中）我想，應該很好。

根據以上線索，莎拉認定瑞吉的情緒狀態很自在。她便採用輔助性的支持型傾聽方式來回應，並直接進入判別型傾聽模式，好向他提供他所需要的意見。

莎拉：太好了！我等不及聽你說說看。我知道你花了很多時間在做。

莎拉很清楚，在瑞吉開始說明前，必須先確認雙方的判斷標準一致，兩人才能就需要評論的對象達成共識。她知道，在這類一般性的判別型傾聽情境，若雙方誤以為彼此的判斷標準相同，但事實並非如此，情況可能就會失控。莎拉不希望給瑞吉不符預期的評論，如果瑞吉只需要她評論提案的某個部分，她也不想提出太多意見而批評過頭。如果雙方認知不一致，最好的情況是只浪費雙方的時間，最糟的結果則是害得瑞吉落入不自在的情緒狀態，並傷害了兩人的關係。

此外，在評論前先確認彼此的標準一致，也是避免偏見的好方法。若能先確認標準，你和說話者就能一起提出更具體、重點更明確的計畫。

莎拉：開始之前，想先跟你確認一下，你比較希望我針對哪方面給意見？

瑞吉：好問題。我想知道這個提案能不能說服上面的人，讓他們同意增加我團隊的預算。我想知道提案的哪些部分夠有說服力，哪些不太夠。

幸好，瑞吉能清楚表達自己需要得到哪一種意見，但現實未必總是如此順利。假如發生這樣的情況，可以用以下兩種方法來幫他們確定標準：

- 提出釐清的問題，比如：「你對『夠好』的定義是什麼？」
- 針對標準提供一些建議，比如，以你們的產業和討論主題而言，可提出架構嚴謹程度、清晰度、吸引力、獨特性、成效等其他標準。

待莎拉和瑞吉討論好提供意見的標準後（瑞吉想知道提案書的哪些部分夠有說服力，哪些部分不夠），莎拉便拿起紙筆，在提出意見前先針對評判標準寫下備註。可將這裡的備註想像成評分指南，用於整理你的意見回饋，並就雙方已同意的標準，提供可遵守的一套規則。你當然也能將標準記在腦中，但考慮到稍後在互動中也可能必須向對方說明，因此先實際記下來，會比較方便整理重點。

撰寫關於標準的備註時，應納入三項要件：以是／否的問題形式提出給予意見的標準，例如「哪個部分有效」和「哪個部分無效」，並說明為何你認為某件事或某個東西發揮或未發揮作用。請有理有據地說明，以便呼應說話者需求，採取相應的判別型傾聽方法，加以評論。若光用「聽起來不錯」或「我不喜歡這個」這類空泛的評語來回應，就無法向說話者提供足夠的背景資訊，導致他們無從判斷自己是否同意你的評價。

評判標準備註

哪些部分能發揮作用？	哪些部分不太有用？
舉例說明哪些內容符合此標準	舉例說明哪些內容符合此標準
理由	理由

由於瑞吉的用意是請莎拉判斷他的提案是否能說服上司，如他所願提高團隊預算，莎拉便在最上方寫下：「這份提案是否有說服力？」這個封閉式問題可幫助她將重點放在評判標準本身。

在問題下方，莎拉又畫出兩個欄位：在發揮作用的部分是「有說服力的範例」，作用不彰的部分則是「不太有說服力的範例」。若瑞吉提到的部分屬於有說服力的訊息，莎拉就將之歸在第一欄，若屬於說服力不夠的訊息，就歸入第二欄。

評判標準備註範例

這份提案是否有說服力？			
哪些部分能發揮作用？		哪些部分不太有用？	
有說服力的論點	理由	不太有說服力的論點	理由
開頭提到的資料點	這部分很有說服力，可以證明團隊目前的預算不足。	預計分配資金的方式	這部分有點籠統，主管應該會想知道你們要怎麼使用額外的資金。
目前的預算使用狀況	這部分呈現得很清楚，可以告訴主管，你們以目前的資金能完成的事項很有限。	結尾	沒有直接向主管們表達訴求。

引用團隊成員表達挫折的發言	這可以向主管說明預算不足對團隊打擊很大！這對他們來說太重要了。		
你要求增加的金額	這部分很清楚又直接，可以明確告訴主管你需要的是什麼。		

瑞吉說明完畢後，莎拉也花了點時間完成評判標準備註的最後一點。接著，她便口頭向瑞吉說明她寫下的每一點，包含理由部分。

最後，她概述自己的發現來總結。總結可讓說話者更明確、更具體地瞭解自己所做的事情。在向說話者總結所有評論時，以「整體來說」開頭，然後接著說明對方如何達到（或未達到）評判標準，會是個不錯的辦法。在你給了很長而且／或者很詳細的意見之後，這麼做更是有效，可以避免說話者聽得太腦袋發昏。

雖然，對於負責提出批評的非判別型傾聽者，和接受批評的對象來說，評論都會使人不快，但若能先確認雙方的判斷標準一致、寫下關於判斷標準的備註、說明理由，然後概述你的判斷，就更可能以雙方都能感到自在的方式，來回應說話者的需求。只要記得留意對方的情緒狀態即可，如發現對方落入不自在的情緒中，尤其是在「不太有用」的評語多於「有作用」的評語時，可能就需要加入一點輔助性的支持型傾聽，來幫助對方感到更自在一些。

針對潛在的異議做出判斷

另一種一般性的判別型傾聽情境，是協助說話者處理別人可能會提出的反對意見。相較於自己提出評論，有一處不同：如果是由對方請你評論，你會針對已經存在的事物提出意見，比如已完成的產品或設計原型、已製作好的簡報或大綱，或已草擬完畢的新流程等。但是，若有人請你以「傾聽並判別」的方式，針對潛在的反駁意見做出評論，這時你所回應的就是假設性的情況。

若你很不擅長尋找警訊、挑出論點漏洞或預想最糟情況，還是可以運用以下介紹的技巧來「傾聽並推進」。為了找出潛在的反對意見，你可以為對方代言並站在質疑的角度。這兩種技巧都可調整心態，符合說話者預期的聽眾特質。你可藉此做好判別型傾聽的準備，並進而採用最後一項技巧「挑戰預設立場」，幫助說話者準備好面對不同意見。

「為對方代言」意指以說話者預設的聽眾立場思考及行動，藉由設身處地著想，營造更逼真的模擬情境，為說話者製造機會來練習處理反對意見。當然，只有在明確瞭解預設聽眾是誰時，才適合為對方代言。也可能正因為你瞭解這類聽眾，說話者才來找你討論。

為了幫助你進入聽眾的心態，請詢問自己以下問題：

- 聽眾的目標是什麼？
- 聽眾有何期望和抱負？
- 聽眾害怕或擔心哪些事情？
- 聽眾喜歡哪些東西？
- 聽眾不喜歡哪些東西？

如果你無法回答上述問題，請直接詢問說話者來更加瞭解聽眾，接著再開始傾聽。基本上，快速審視這些問題後，即可模擬預設聽眾的想法。你可能還會發現，若先寫下答案，更能在傾聽時將這些重點記在心中。

不過，如果光是這樣還不夠，可以想像預設聽眾傾聽所處的情境，並想像自己身在其中，或許能幫助你進入代理人的立場。假如你可以實際前往這個地點，那就太好了。這麼做可能會幫助你忠實呈現預設聽眾的特質和心態。在互動即將發生的空間模擬，也可幫助說話者在實際應對反對意見時更有自信。若能比照傳遞資訊的真實情況，說話者會感覺自己準備得更充分。不過，若無法親身前往，運用視覺化技巧也是個好選擇。

一般來說，只要站在代言人的立場上，便能協助說話者準備好應對不同意見。然而，假如你曾向特別難應付的聽眾傳遞資訊，或許就很清楚，有時反對意見確實非常尖銳，令人難以招架，或者非常挑釁，直接衝著說話者來。因此，有時光是扮演代理人的確不夠，為了協助說話者對最艱難的情況做好充分準備，還必須擔下更有挑戰性的角色——你必須展現質疑的態度。

請設想一下：在說話者套用眼前這份銷售用詞、說明年度報告或呈現宣傳內容時，聽眾可能提出的一切質疑。請想像聽眾可能會反對哪些部分、拒絕哪些內容，以及可能對哪些地方有疑慮。

若要進入質疑的心態，可在「傾聽並判別」前想一想以下幾個問題：

- 這件事會如何出錯？
- 相關的風險為何？
- 要耗費多少成本？
- 要占用多少時間和／或資源？
- 對投資報酬率有什麼影響？
- 這會如何影響員工士氣？
- 股東可能有什麼反應？

此外，除了「出一張嘴」，身體動作說不定也能幫上忙。比如展現看起來充滿懷疑的表情和肢體語言，或許也可幫助你進入預設聽眾的心態。請回想第11章提到的大腦與身體回饋循環，當時我們曾說，大腦通常會對身體傳達的訊息信以為真。不僅如此，表現出懷疑的樣子，還可能幫助說話者想像預設聽眾如何提出難應付的反對意見。

以下提供一些「一臉懷疑」的範例，或許能幫助你模擬預設聽眾的立場和表現，進而做到「傾聽並判別」：

憤怒	焦慮	困惑
不同意	反感	沒興趣
不相信	恐懼	挫折

下表則列出了「表示懷疑的姿勢」範例，你可以使用這些姿勢以預設聽眾的角度「傾聽並判別」：

姿勢	理由	備註
調整身體角度，遠離說話者一些。	可告訴大腦你不感興趣或不同意	不必面對牆壁或背對鏡頭。
緊握雙拳	可告訴大腦你覺得生氣或挫折	可讓請你「傾聽並判別」的人看見此動作，或將手放在桌面下或身體兩側。

抖腳或敲手指	可告訴大腦你很緊張	這個動作不是要讓說話者分心，因此不要做得太過火。
身體向後靠，稍微從左到右搖晃頭部。	可告訴大腦你不同意或覺得反感	傾聽時不需要一直做這個動作。只要在開頭做一下、中間做出幾次，結束時再來一點即可。
雙手交叉抱胸	可告訴大腦你不同意或感到恐懼而保護自己	要做筆記時，當然可以放開。
向前傾身，顯得幾乎太逼近說話者或畫面。	可告訴大腦你很想專心	這個姿勢可能會干擾說話者，因此請適可而止，以免造成反效果。

等到身心都準備好扮演代言人並抱持懷疑立場時，你就準備好採用判別型傾聽了。為了幫助說話者處理他們可能面臨的異議，你也必須聽聽他們有何主張，並挑戰他們的預設。

預設看法就是說話者認定為真的事物。人可能基於預設來做出決定，即便是缺乏證據支持或未經過確認的事物，也可能促成行動。在這樣的情況，可以用判別型傾聽來找出他們的假設，並以「假如／要是」開頭的問題來挑戰他們。在職場情境中，可能會出現的預設和「假如／要是」問題如下：

- 對方是銷售人員，而你扮演顧客代言人時，對方表示：「這個產品絕對符合您的需求。」回應時可以質問：「要是我們的需求下一季不同，那要怎麼辦？」或「假如貴公司改變產品呢？」
- 對方是行政人員，而你扮演分析人員的角色時，對方說：「我們預計在未來二十四個月內，占有這個市場區塊。」這時，你可以問：「要是新來的競爭對手一直能搶到更多市場呢？」或者「假如經濟又不景氣，那要怎麼辦？」
- 對方是社群媒體管理人員，而你扮演行銷部門主管的角色時，對方說：「使用者會喜歡這類貼文。」你可以用這樣的問題回應：「要是活動推出之後，這東西馬上就退流行了，怎麼辦？」或是「假如我們的競爭對手也用同樣的方法，要怎麼辦？」

對說話者的預設提出質疑時，你就是在設法讓對方出錯，或想看看他們的想法會在哪邊暴露出缺點。你聽對方說話的目的，並不是為了幫他們對資訊感到更自在（支持型傾聽）、幫助他們根據資訊向前邁進（推進型傾聽），也不是為了幫助他們記得資訊（細究型傾聽）。說話者之所以找上你，很可能就是因為遲遲找不出論點中潛藏的漏洞，或者當局者迷而看不出問題在哪裡，需要請你來判斷。這時，藉由扮演代理人的角色、展現質疑的態度，並質疑對方的預設，就能發揮重要作用，確保說話者能成功處理潛在問題。

為指導而做出判斷

最後一種常見的判別型傾聽情境是指導他人的情況。儘管在工作上指導他人很尋常，但有時難免不確定何時該直接提供建議（推進型傾聽），或應該溫和一點引導對方自己做出判斷。如果情況不太危險，或許改用判別型傾聽指導說話者會更好。

在適合指導的時機，你要做的就是引導對方自己找出方向。這時，可以採用以下幾種策略：

- 請對方從頭開始說明，讓對方能夠審視自己的流程，或許能藉機找到有待改進之處。
- 邀請對方探索更多選項，提醒他們可以考慮不同方向，並加強解決問題的技能。
- 激勵對方探究原因，引導他們學習以批判的角度評估自己的選擇。

不論你目前擔任什麼職位，指導的原則都非常重要。在不同的情境中，不論是協助同事克服難題，或未來擔任必須指導他人的職務，這些技能都能派上用場。在專業領域的許多層面，指導的相關技巧都能幫助你邁向成功。

在第10章，我們曾經提到資深主管凱爾文和下屬喬丹互動的例子，當時的情境屬於複雜的推進型傾聽情境。這次，我們稍微調整一下，來說明比較推進型與判別型傾聽的時機有何不同。

這次，不同於第10章的情況，喬丹並不需要向高階主管報告這個專案，只要在同事之間的午餐交流會向大夥報告即可。而且，他也不必像上次一樣，趕著下星期就要發表，這次的簡報時間是下個月。既然失敗風險不高，情況也不緊急，凱爾文便認為，貿然用自己的專業能力介入，可能不是最好的辦法。他還有很多時間可以慢慢指導喬丹，不必急著馬上丟出答案給他，於是凱爾文決定採取「傾聽並判別」的方式，讓喬丹在他的指引下，靠自己解決問題。

凱爾文：（以輔助性支持型傾聽開場）我知道，這種專案一開始都很難做。我們先來看看吧——等到你下次午餐會討論報告前，還有一些時間。不如你從頭開始講，說說你目前做了哪些部分？

之所以請指導對象從頭開始說明，是為了讓他們有機會重新審視問題細節，並設法自己解決。單是說出涉及問題的人物、事件、場合、原因和方式，指導對象就有可能發現先前錯過的小細節。以全新的角度重新看待整個情況，或許也能讓他們以不同的方式理解問題。有時，藉由說出問題或描述情況，人就能看見之前不曾注意的優勢和弱點，看見起初的方法出了什麼錯，或發現新的策略。

喬丹：就是呢，我在公司網站挖了一下，想蒐集一些已經發表的白皮書和文章。網站上的東西真的很多——其實，好像有點太多了。我也做了網頁搜尋，還訪問了幾個跨部門團隊的主管，想知道他們怎麼看這個問題。結果，反而得到一堆互相衝突的資訊和意見。

在此，可見喬丹明顯能夠自在地和凱爾文分享自己的各種嘗試和辛苦過程，但有時未必如此。指導對象與指導者之間的地位並不平等，這一點絕不可忽視。即便當事人沒有表現出來，指導對象也可能暗自擔心自己在浪費你的時間，或說太多細節。此外，在和地位更高的人談到自己的錯誤或損失時，當事人也可能更敏感。因此，請務必給下屬或指導對象一點空間。可以透過言語和平靜親切的態度，讓對方安心，肯定這個指導的當下，雙方都在做應該做的事。

這時，請指導對象從頭開始說明，或許能藉此釐清他們在哪些部分做錯了或停滯不前。不過，光是這樣，可能還不足以找到方向。那麼，身為指導者，你還必須進一步協助。下一件可以幫上忙的，就是提出開放式問題來追問，邀請對方探索更多可行選項。以下問題可協助他們考慮各種可能方向、假設情況，或因應不同情境的方案，藉此突破困境。可行問題包含：

- 一開始可能採取哪些步驟？
- 在你看來，如果這麼做，會發生什麼事？
- 來模擬一下吧——你打算怎麼做？

也請留意，不要以問題包裝建議，比如：「你試過XYZ了嗎？」在邀請指導對象探索不同選項時，請鼓勵對方自己找尋方向，而不是將你所認定的正確答案告訴對方。請注意凱爾文如何處理以下和喬丹的這段對話。他小心地提出開放式問題，來鼓勵喬丹找到解決方案，避免不小心落入將建議偽裝成問題的陷阱：

凱爾文：資訊太多確實讓人昏頭。我懂你為什麼會覺得很困擾（加上一點輔助性的支持型傾聽）。依你看，現在是哪邊出了問題？

喬丹：我想，可能是我從太多來源找資料，所以才蒐集到太多資訊。我知道多從一些地方找資料很重要，但我從不同地方找到的東西，彼此有出入，所以現在不知道該怎麼辦。

凱爾文：啊，瞭解。所以，你已經完成找資料的部分，只是還沒整理好，資料之間也不一致。那你覺得，現在有哪些選擇？

以指導來說，在這個階段，可以鼓勵對方自己找出理由。也就是說，幫助當事人自己找出問題的原因，並為每個選項找出理由。詢問指導對象：「為什麼你覺得是這樣？」或「好有趣！為什麼你會考慮這個選項？」引導他們探討為何會納入某種新的可能情況或某項假設，並更深入探究及深思各項方案，以及這些方案為何行得通或者行不通，藉此幫助他們評估自己的想法，並培養解決問題的能力。這麼做還可能啟發對方改進某個原有的構想，或加入其他解決方案。

若下屬或指導對象正在追求專業發展，某方面能力仍有不足，又剛好找上你討論某個風險偏低也不緊急的問題，這時判別型傾聽可能是提供指導的最佳方式。

不過，也請記得，如果無法馬上提供建議，這位下屬或指導對象可能會很挫折。假如察覺對方感到挫折，不妨提醒他們回想自己所設定的專業發展目標。可以強調這次的問題正是難得的機會，不必承受很大的風險就能練習運用相關技能，也可以告訴對方：「如果我們不能一起想出辦法，我很樂意分享我的做法。不過，我們還是先來看看現在能怎麼辦。」接下來，請他們從頭開始說明，並邀請他們探索更多選項，最後鼓勵他們靠自己想出理由。

如此一來，就能溫和地引導對方自行找出答案，而非直接告訴他們。假如他們想追求專業發展，終究會感謝你現在選擇用判別型傾聽的方式聽他們說話——也許不是今天，明天也不會，但想必不久之後，他們就會瞭解你的用心，並在整個生涯中都會感謝你的選擇。

在一般的判別型傾聽情境中調整傾聽方式

為了評論而做出判斷	針對潛在的異議做出判斷	為指導而做出判斷
●確認雙方的判斷標準一致 ●寫下關於判斷標準的備註 ●說明理由 ●為你的判斷總結	●扮演聽眾的代理人 ●不斷提出質疑 ●挑戰對方論點中的預設	●請對方從頭開始說明 ●邀請對方探索更多選項 ●激勵對方探究原因和理由

在複雜的判別型情境中調整傾聽方式

在一般的判別型傾聽情境，對此種傾聽方式的需求通常都在預期之內，但複雜的情境往往意外發生。也就是說，你得先花上更多力氣，確認判別型傾聽是否應該上場。複雜的判別型傾聽情境可分為兩種：①如果避開判別型傾聽，失敗的風險很高，以及②為了配合說話者對另一種順勢傾聽目標的需求，而必須調整傾聽方式。

第一種情況的「失敗風險很高」，而且不論當事人或當事群體是否已準備好，或是否預料到要承受批評，你都不得不評估，因此屬於複雜情況。如果你本身不是判別型傾聽者，要你直接跳到評估優劣的這一步，說不定是種折磨。即便你本身就屬於判別型，也可能在錯誤的時機評估，因此這種情況絕不簡單。

在第二種情況，則是「應該調整傾聽方式」——這可能讓你很訝異，因為聽起來很「後設」：你必須在不確定說話者需要你做什麼的情況，就先用判別型傾聽來決定要調整為何種傾聽方式，好配合對方的需求。別擔心，這一節會說明幾種技巧，告訴你如何應對這兩種情況，如此一來你就能判斷應該在何時、以何種方式正確地傾聽。

在失敗風險較高時做出判斷

選擇「傾聽並判別」的方式時，可能會落入一個陷阱：擅自指教別人。有時，你自以為是幫忙評估，實則只是發表自己的意見或偏好——這時，如果換個方式來傾聽，說不定會更符合互動對象的需求。

換句話說，除非失敗風險太高，「傾聽並判別」成為最佳選項，否則都不應貿然採用。至於評估情況失敗風險高低的方式，確實也很類似於判斷是否應該「傾聽並推進」的情況（見第10章）。若說話者或說話的那群人可能因為你未適時出面，而遭受重大損失，或以某種方式失敗，那麼情況就屬於高風險。若你發現員工、客戶、業務表現或組織聲譽可能受損、受傷或遭遇危險，就應該選擇判別型傾聽。不過，有別於複雜的推進型傾聽情境，這時你未必需要憑藉本身的專業能力提供建議，來幫助當事人或當事群體邁出下一步。

在此種情況，一旦判定失敗風險偏高，即便沒有人請你進行評估，也該是採用「傾聽並判別」的時候了。你可以給予支持，幫助對方做好心理準備，並先說明理由，才點出問題。也可以邀請對方否定你的評價，同時準備好面對說話者的抗拒。在某些情況，甚至還必須讓步或請求聲援。

來看個例子：有一家科技新創公司即將推出新的應用程式，因此該公司的一個小組正準備開會討論，確認一切進度都按時程走。出席成員有：專案經理詹西、開發人員珊蒂、設計師梅森、行銷分析師彼得，以及客戶服務專員凱西。

詹西：現在輪流報告進度吧。珊蒂，先從你開始好了。

珊蒂：我的部分應該都很好。程式碼跑得很順，功能也都能流暢運作。我們已經找了潛在使用者進行測試，都沒有人回報嚴重的問題。

梅森：同意！設計部分也都很順利，看起來沒問題。

彼得：從行銷的角度來看，我想我們的發行計畫很吸引人。上次已經和各位探討過了，這次我沒什麼新的看法。就是很期待推出！

詹西：大家都說得很好，那就繼續吧。

在聆聽眾人報告進度時，凱西暗自擔心一件事，但不知道該怎麼說出口。前兩天，凱西對應用程式進行了測試，基本上同意珊蒂說的，沒有什麼重大的程式碼錯誤或出錯。但是，凱西發現有一些設計元素可能會出問題，因此擔心起來。凱西知道，對於任何應用程式而言，使用者體驗都是成敗的關鍵，如果使用者介面設計欠佳，大部分人都很難上手，發行就可能不順利。其實，凱西有色盲，也發現自己使用目前的介面設計有困難。凱西不清楚有多少使用者參加過應用程式測試，但如果有辨色問題的人都沒機會參加呢？

凱西：那個，詹西，在繼續之前，不知道能不能先討論一件事。

詹西：當然可以啊。

凱西：我前幾天自己也用了一下，大家真的做得很好，我相信很多人都會覺得很好用。雖然我也發現一點問題，但我真的不想拖累大家的進度，所以各位聽過之後，還是該怎麼做就怎麼做吧。我要說的是：其實，我有色盲，然後我發現有一些畫面我會看不太清楚。不知道有沒有別人也遇到一樣的問題，但我只是覺得這件事很重要，所以提出來。

鑑於小組目前處在自在的情緒中，而自己的回應可能會將他們推入不自在的情緒，凱西便決定先給予支持，幫助對方做好心理準備。這個輔助性支持型傾聽的技巧可肯定組員目前的情緒狀態。回顧一下：我們在第9章提到，即便你不完全同意某個人或某群人的反應，依然可以接納對方的情緒。藉由提供支持來協助當事人做好心理準備，就能緩和棘手的情況，並幫助當事人準備好接受出乎他們意料、來自你的評斷。

接著，凱西便提出理由，說明自己對應用程式的使用體驗，然後才點出問題，告訴大家可能有些部分不太順利。這麼做可讓你有時間慢慢陳述，互動對象也能跟上你的回應，進而能先引導他們得出與你相同的結論，再說出可能令他們不快的消息。

凱西也決定透過「不知道有沒有別人也遇到一樣的問題」，來邀請他們否定自己的評價。藉此，就能將一些主導權放回互動對象或群體的手中。比起灌輸你的看法，強迫對方接受你看到的事實，或要求他們採取行動，透過邀請的方式也更能展現合作的態度。

部分讀者可能會質疑，凱西這樣的措辭是否太消極，或過於委婉（比如「我只是覺得這件事很重要，所以提出來」）。在探討有效溝通時，經常會出現這類評論。畢竟，凱西確實發現問題，為何不能直接提出？唉，要是每個人都可以坦然接受意外的評價，工作起來感覺一定很不一樣。

其實，職場規範的存在，正好劃定了適當的發言範圍，避免失言帶來可怕的後果。對於公司或團隊的新進人員而言，若他們本身年紀很輕、屬於某種少數族群、在權力關係中處於弱勢，或受限於職場、個人特質或政治影響，這些因素都可能影響他們在工作上的心理安全感。因此，若能運用給予支持來幫助對方做好心理準備、說明理由，並邀請對方否定你的評價等方式，就能在點出問題時為對方建立（增加）安全感。

不過，即便這些技巧可帶動更有成效的對話，在互動中突然採用判別型傾聽，仍可能引起他人反感，而展現防備態度。因此，建議先準備好應對他人的抗拒。若有人心生防備，通常是因為他們有所畏懼，擔心你和其他人會認定自己的想法、計畫或貢獻不夠好。這時可以提醒自己，對方可能是因為你的意見而感到威脅，才表現出防備態度——這麼一想之後，你就能為此做好心理準備了。在感到威脅逼近時，人往往無法深思熟慮，有失平時的理智。也就是說，此時不宜硬碰硬，以防禦反擊對方的抗拒，不如先做好心理準備，並以輔助性的支持型傾聽來接納對方的情緒。

若情況變得緊張，也可再次邀請對方表達反對意見。這個技巧可為互動降溫，讓互動對象瞭解你不會強迫他們做出任何改變，或接受其他考量。若他們仍表現出緊繃的不自在情緒，比如憤怒或抗拒，那麼你可以選擇「讓步或尋求聲援」。

突如其來進行了評估之後，若情況僵持不下，有升溫的跡象，有時最保險也最有效的選擇，就是放棄。請向對方的論點讓步。確實，光是說出自己的觀點，你就能放下心中的一塊石頭。但如果不說出問題會導致失敗風險太高，對方根本無法前進，則必須加大說服的力道。可以請經理、高階主管或相關領域的專家來聲援你。畢竟，既然已察覺潛在的危險或傷害，你當然不希望眼睜睜看著事情發生，並承擔罪惡感或一併受害。

幸好，凱西的同事沒有表現出抗拒，他們反而因此發現使用者測試集區遺漏了一些族群。結果，他們還決定應該就輔助使用方面，重新檢討現有的設計。

假如與你互動的對象並未預料判別型傾聽會出場，但你發現了不容忽視的重大警訊或隱憂，這時可以給予支持，幫助對方做好心理準備，然後說明理由、點出問題、邀請對方否定你的評價、準備好應對當事人的抗拒，也可能必須讓步或請求聲援。以上技巧都能讓你更容易（希望也更安全地）說出意見，並可協助互動對象或群體理解你善意的出發點，接受你的回應。

為了調整傾聽方式而做出判斷

「後設」時間到了：來為了順勢傾聽而傾聽吧。在最後這四章，你已經讀到了各種一般情境，並瞭解如何善用傾聽技巧，對應正確順勢傾聽目標，進而在這些情境中更有效地傾聽。至於各種複雜情境，首先必須留意線索，判斷是否該以特定方式傾聽，再開始處理及回應所聽到的資訊。順勢傾聽的宗旨就在於必須「評估」說話者需要你採用哪一種傾聽類型。現在，既然你已經知道如何判斷評估時機，就可以「傾聽並判別」了。

「什麼?!」你可能在想：「你們是說，我可以用判別型傾聽的技巧，判斷應該幫對方達到哪一種順勢傾聽目標?!」沒錯！如果你能避免「自動導航」，直接沿用原本的傾聽方式，並能留意情況變化，然後問自己：「現在，說話者需要什麼？」你就能運用判別型傾聽的方式，成為一位順勢傾聽者。

現在，再次回顧第一部分曾讀到的「早晨會報」情境。這次，請想像這位專案主持人管的就是你負責的專案。因此，會議中修訂的目標、調整的時程和進度報告，都與你和所屬團隊進行中的專案有關。每位與會者手上都有個案子和這位主管合作，但你是所屬團隊唯一來開這個會的人。

在前述的背景下，你決定先採用推進型傾聽。你打算先將精力放在推動進展，以及要為所屬團隊轉達的細節上（相關方法請見第10章說明）。會議開始十分鐘後，你發現推進型傾聽選得很對，專案主持人簡要且清楚地說明了一些行動步驟，你也聽到了一些可傳達給下屬的訊息。

既然你已經很清楚如何分辨一般與複雜的傾聽情境，在踏入會議室、加入虛擬會議，或在打擾同事前，也就能根據所學所知，合理猜測採用哪一種傾聽方式最適當。但在互動開始之後，也應避免不假思索，直接套用。畢竟，你很可能無從確定，到底該在何時為了眼前的說話者或群體中的某人，根據他們的需求調整傾聽方式。

因此，在整個互動過程中，都可以使用判別型傾聽來留意變化。話題改變了嗎？說話的人改變了嗎？或者是說話者的情緒，或整個空間裡的情緒動力不一樣了？情況一有變動，就該問問自己：「現在，在這個當下，說話的人需要我做什麼？」直到剛才為止，你幫助說話者或整群人達到的傾聽目標，在情況變動之後，可能維持不變，也可能必須調整傾聽方式來應對。

回到「早晨會報」：請想像你的專案主持人在發言到一半時，突然改變話題，從討論你的專案，變成了分享另一個團隊的專案更新。你便心想：「好，話題變了。現在說話者需要什麼？」於是你對情況做出判斷：這些新消息與你無關，但即使如此，你也認為好好聽清這些資訊很重要，因此決定轉換為細究型傾聽（詳見第11章）。

突然，有位其他團隊的人打岔道：「這個時程更新會很難執行。我不確定是不是推得動。」你發現說話者改變了，但也注意到對方的情緒和團體中其他人不同。你看見這個人說這段話時，迴避了其他人的目光，聲音也比平常小，表情則掠過一陣憂慮或擔心。

現在，「這一位」說話者需要你做些什麼呢？依你所見，這時應該選擇支持型傾聽，因為這位新的說話者正處在不自在的情緒中（請見第9章）。於是你回應道：「這些時程變動看起來的確不好執行，也比較有壓力。」說話的這位同事點頭表示同意，你也發現對方緩緩吐了很長的一口氣，正是轉為平靜的訊號。

專案主持人加入對話，並請這位同事多分享一點自己的疑慮，然後兩人一起設法想出三種可行的辦法，來更順利地推動專案進度，但這時，他們又為了要選擇哪一種方法而苦惱起來。專案主持人對全體與會者表示：「好，這幾個選項各有哪些優缺點？」這題簡單！既然說話者請大家評論這些選項，就表示判別型傾聽該上場啦。於是，你便先確認所有人對評論的標準一致，然後你便根據這個標準提出意見，評論哪一個選項最好。

隨著會議接近尾聲，你也運用了一點輔助性的支持型傾聽來回應。你告訴同事：「謝謝你今天直言不諱。如果你需要再找人討論這些選項，可以來找我。」在下次開會之前，也請先做好同樣的準備，避免不假思索沿用原本的模式、留意情況變化，並適時問問自己：「現在，說話的人需要我做什麼？」如此一來，就能再次游刃有餘地調整傾聽方式。

勇於表達，提出洞見

要是實踐判別型傾聽對你來說有困難，那麼你可以試試這句神奇咒語：「我現在的任務就是找出什麼有用、什麼沒有用。」不論是聆聽別人說話，或與自己對話，試圖釐清接下來應該採用哪一種傾聽方式，這句話都能為你指引方向。

如果你本身是推進型傾聽者，也許應該克制自己，不要急著衝出下一步或想立即解決問題。說不定，說話的人需要你先評估情況，並解釋你為何做出某個決定。如果你本身是細究型傾聽者，或許應該敦促自己，不只是沉浸在理解資訊，還要更進一步，準備好進行評估。假如你一向是個支持型傾聽者，在突然必須做出評價的情況中，你的風格就能為此時的判別型傾聽注入一點溫暖與關懷。當然，也別忘了善用本章提到的各種技巧，避免將支持型傾聽做得太過頭。

有些人可能不太敢做出批判性或直白的評價，尤其在工作上，針對失敗風險較高的情況，更是小心翼翼。其實，只要抱持善意初衷，也已盡力判斷當下屬於一般或複雜的判別型傾聽情境，不妨就勇敢說出意見，為其他人評估情勢好壞，並指引明路，幫助別人找到自己的方向。

CHAPTER 13

擁抱
順勢傾聽
文化

順勢傾聽可以讓一天的工作進行得更如意，並幫助你建立關係、達到目標。可是，即便矢言成為順勢傾聽者，也未必能一夜變身，成為世界頂尖的優秀傾聽者。不過，早在拿起這本書時，你便開啟了順勢傾聽之旅，即使放下這本書，旅程也不會就此畫下句點。

剛開始看這本書時，也許你對自己的順勢傾聽風格還一無所知，但現在你已經能分辨每一種類型的特徵，並瞭解運用每一種類型來處理及回應資訊，能帶來哪些好處。你可能也已經懂得分辨共事對象的順勢傾聽風格了。

以往，你或許不清楚究竟有什麼東西在阻礙你好好傾聽，現在，你知道自己的傾聽L.E.N.S.會影響你能否將注意力放在說話者身上，並發揮同理心。你也已瞭解如何將傾聽聚焦。儘管過去你可能從不知道，原來對自己說話的人都會有順勢傾聽目標，現在你不僅明白說話者抱有目標，也很清楚要如何在各式各樣的職場情境中，幫助對方滿足所需。

你可能曾經不太懂得要如何運用不同方式，處理及回應同事、主管、下屬和客戶說出的資訊，但現在你已掌握滿手好工具，可以分別滿足每個說話者的需求。

不過，縱使已經成了順勢傾聽者，還是可以更進一步學習及成長。這不僅能幫助自己，也能為身邊的人帶來很大的力量。只要善用這些新的技能，你也能一起打造順勢傾聽文化：一個溝通品質更好、交流更多，也更有生產力的環境。這趟培養信賴感與接受度的旅程，雖由你領頭前進，卻無須單打獨鬥，可以邀請整個組織，甚至是整個人際關係網一起加入，讓順勢傾聽帶來的好處也因此飛躍增長。

調整、反思、再調整

請記得，順勢傾聽是一種技能，投入越多，越是熟能生巧。請先做好心理準備，迎接一下自覺優秀到不行，一下又做得一塌糊塗的混亂時期——耐心正是關鍵，可以支持你挺過一切難關。

為持續追求成長，可以先從瞭解自身順勢傾聽風格開始。仔細回想一下，你通常會怎麼使用傾聽技巧？請特別留意自己在何時向預設風格靠攏，並問問自己為什麼會這樣做。當然，如同之前學到的，順勢傾聽的成功關鍵，在於能夠讀懂說話者發出的訊號。不過，很不巧的是，有時即便傾盡全力想找出說話者的順勢傾聽目標，來以發揮同理心的方式傾聽，不免仍會感到迷茫，不確定說話者究竟需要你做些什麼。如果你對於解讀訊號很困難，無法據此做出調整，可以參考以下方法：

若與你交談的人很熟悉順勢傾聽，就以順勢傾聽的用詞來溝通吧。首先，告訴對方你已經努力想找出他們的目標，接著主動為對方縮小順勢傾聽目標聚焦範圍，再告訴對方你觀察到了哪些訊號，並推測他們可能需要你怎麼聽。你可以這樣說：「我想滿足你的需求，而我想你需要的是『傾聽並推進』，但也還不確定。」請不要說：「你希望我用支持、推進、細究，還是判別的方式？」如果以適當的方式提問，就能為說話者減輕一些負擔，並表現出你已用心尋找對方的目標，並很努力想要達成。

如果和你說話的人對順勢傾聽知之甚少（而且你也沒時間好好說明），那麼請在不使用順勢傾聽用語的情況下，告訴對方你已設法滿足他們的需求。對他們的需求有概念後，就可用以下的對應說法來回答，然後停下來觀察對方的反應，確認方向對不對：

- 如果你認為對方需要支持型傾聽，可以說：「假如你想找人談談，歡迎來找我。」或「很謝謝你跟我分享。」
- 如果你認為對方需要推進型傾聽，可以說：「我想到你接下來可以怎麼做，但你有需要的話，我很樂意告訴你。」或「我想到我會怎麼做，但不知道你需不需要我的建議。」
- 如果你認為對方需要細究型傾聽，可以說：「我準備好要『泡在』所有細節裡了。」或「我等不及要聽你多說一些了。」

- 如果你認為對方需要判別型傾聽，可以說：「我知道哪邊做對，哪邊出問題了，如果你想知道，我很樂意告訴你。」或「如果有需要，我可以幫你看看哪邊有問題。」

假如對方在回應中表現出鬆了口氣或感激的樣子，或許你就猜對了。當然，有時即使盡力找出說話者的需求，也難免會猜錯。你可能會猜錯對方的目標，或目標猜對了，但在同一處打轉太久，漏掉了其他目標的訊號，而錯過調整良機。也有可能，雖出於好意，但仍搞錯了風格。在猜錯目標的情況，說話的人往往會傳達出以下訊號：

- 對方突然安靜下來，變得冷淡。
- 對方發出有聲音的訊號，比如用沉重、誇張的嘆息表達挫折。
- 對方出現震驚、惱怒或受傷的表情和肢體語言。

一旦出現這些訊號，就表示方向不對，必須調整為其他風格。不過，有時說話者不見得會發出明顯的訊號，你便在互動之後心生懷疑，不確定自己是不是確實幫助對方達到了目標。這時，若想確認調整的效果如何，不妨反思一下，問問自己：

- 我找出了正確的順勢傾聽目標嗎？
- 在互動時，我是否採用了合適的方法，滿足說話者的需求？
- 我的傾聽L. E. N. S.在互動時是否聚焦？如果沒有，我是否用接受、傳達或改變的方式，來回到正軌？
- 發現說話者傳達出我用錯風格的訊號後，我是否調整為其他風格？
- 下次應該要怎麼做，才會更好？

除了獨自反省，也可以邀請別人加入你的順勢傾聽之旅，可能意外收穫良多。你可以先找一位傾聽敦促夥伴——也就是常以同儕或主管身分與你互動的人——告訴對方你正在鑽研傾聽方法，再請他們針對你在傾聽表現的特定方面，提供一些意見。比方說，你正在研究與自身順勢傾聽風格有關的注意事項，盡力避免犯下相同的錯，那麼就可以請敦促夥伴提供以下協助：

- 如果你本身是支持型傾聽者，或許可以說：「我很努力不要在開會時過度鼓勵別人，如果你聽到我這樣說話，開完會之後，可以提醒我嗎？」
- 如果你本身是推進型傾聽者，或許可以說：「我很努力要多照顧別人的心情，不要只關心工作能不能完成。如果下次開會時，你可以注意我的行為和回應，之後再告訴我表現得如何，我會非常感謝你。」
- 如果你本身是細究型傾聽者，或許可以說：「我發現我在聽別人說話時會瘋狂做筆記，反而不能好好和說話的人交流，那你覺得我們互動的時候，我是不是也常常犯這個毛病？」
- 如果你本身是判別型傾聽者，或許可以說：「我想在腦力激盪的時候，多根據別人的想法延伸探討，而不是一直批評。下次開會時，能不能根據我的表現，給我一些意見？」

要是你也願意反過來擔任對方的敦促夥伴，那就更好了。這麼一來，就能創造一個彼此支持的機會、就自身傾聽技巧得到一些意見回饋，並為打造穩固的順勢傾聽文化做出貢獻。

請記得，即使只用對一部分的順勢傾聽技巧，也值得肯定。如果不幸出錯，仍可藉由道歉，或請說話者提供意見，說明為什麼你的傾聽方式不太符合互動當下的情況。

一時選錯方式也不必太失志，大不了把握下一次會議、對話、簡報或錄製的機會，好好改進就行了。

影響他人傾聽的方式

在理想世界中，每個人都有足夠的時間，可以好好向同事分享順勢傾聽的原則，同事也會很樂於擁抱這些觀念，並積極精進自己的傾聽技巧，就像你一樣。但是，即便理想還未實現，即便他們都還沒發現自己正在運用順勢傾聽的技巧，你仍可以享受到順勢傾聽的好處。

你能做的，就是走一條縮短過的捷徑來提高成功機率，藉此更有機會透過別人傾聽的方式，來滿足自身所需。

若要引導別人調整傾聽方式，不僅得直接要求傾聽者達到你的需求，也得明確表達你需要傾聽者「避免」做出哪些行為。

如果你和一位熟識的傾聽者互動，你也知道（或能夠合理推測）對方的順勢傾聽風格，那麼就能引導對方偏離本身習慣的行為模式，並明白說出你「不需要」和「需要」對方配合哪些事。

試試以下的公式吧：

「你現在可能想做X，我很感謝你這樣做，但其實我需要你用Y的方式來傾聽。」

「X」的內容依對方的傾聽風格而定，「Y」則是希望他們傾聽的方式。下表提供了一些建議，你可以藉此提示他人採用你需要的傾聽方式。

① 判斷對方的順勢傾聽風格	② 句子的開頭	③ 提及對方的傾聽風格特徵
支持型聆聽者	你現在可能想……	……鼓勵我， ……馬上對我表示同情心， ……讓我感覺好過一點，
推進型聆聽者		……馬上給我建議， ……立刻幫我解決問題， ……馬上接手這件工作，
細究型聆聽者		……一心一意只聽我正在說的話， ……立刻挖掘更多資訊， ……馬上問我一些釐清疑問的問題，
判別型聆聽者		……立刻評估這個資訊， ……立刻對這個想法提供一點意見， ……馬上幫我找出該注意的地方，

④ 轉換

我很感謝你這樣做，但其實我需要你……

⑤ 提及你自己的順勢傾聽目標

……給我一點時間，好好宣洩一下情緒。

……和我一起慶祝這件事！

……告訴我，我有這樣的感覺也沒關係。

……給我一點（吹捧、讚賞、擊掌歡呼、擁抱……等）。

……幫我找出下一步該做什麼。

……一點建議。

……幫我推動這件事的進度。

……設想一下，如果你把這個資訊傳達給團隊其他人，他們會有什麼回應。

……讓我占用一點時間，把這件事說清楚。

……仔細做筆記，方便之後回想。

……先別急著發問，最後再一起提出，這樣我才能好好解釋所有細節。

……先放輕鬆，好好享受！

……針對這件事，說說你有什麼看法。

……幫忙我找出優點和缺點。

……先讓我自己找出問題，但同時也幫我模擬一遍。

……想一想，是不是漏了什麼其他選項？

假若傾聽者和你比較生疏，你也不知道或無法合理推測對方的順勢傾聽風格，那麼仍可參考上表利用步驟五的建議方式，提示對方達到你的傾聽目標。當然，直接告訴對方你需要什麼，而不是要對方自己猜，總是更合理且友善的做法。若能以明確清楚的說法來陳述自己需要什麼（與不需要什麼），就能幫助別人成為像你一樣的順勢傾聽者。若你能以同理心對待他人，終究也能得到別人以同理心回報。最後，每個人都成了贏家。

欣賞各種傾聽風格

擁抱順勢傾聽文化不僅是改善自己的傾聽方式，或幫助別人改善他們的方式。擁抱順勢傾聽也需要接納及欣賞彼此的差異。

現在，你已經知道每個人各有自己傾聽的方式。你可能覺得這是全新的觀念，或者，你心裡會想：「聽起來很好啊，大家都有自己的風格。」可是，即便你知道每個人的傾聽方式不同，也可能只停留在貼標籤的層次，一概將別人形容為不擅長傾聽、傾聽方式很沒效率，或甚至斷定某人根本不懂得怎麼傾聽。

在學習順勢傾聽風格前，你說不定就曾因為有支持型聆聽者重視情緒多於手上的工作，而感到煩躁。你也可能因為推進型聆聽者在你說話時頻頻點頭，並不時發出幾聲「嗯——哼」，而感覺被激怒和催促。如果曾遇過細究型聆聽者在你說話時，不看著你而看向窗外，或許你也會感覺遭對方忽視。也許，你曾在說明新點子時，得到判別型聆聽者一臉懷疑的表情，而感到十分窘迫。但是，現在你已瞭解各種傾聽方式的不同，那麼你的觀點或許也不一樣了。

既然你已經開始留意到人的傾聽方式各有不同，不如也欣然接受差異本身吧。與其批評與自己不同的傾聽風格，不妨學習欣賞差異，認同各種風格為職場生活帶來的貢獻。若能建立更包容並接納的心態，不僅能為培養順勢傾聽文化獻出一臂之力，也能打造出更具包容精神的工作環境。

好好傾聽確實很難。畢竟，像傾聽這樣重要又有力的技能，當然應該多下點工夫才能上手。不過，我們也希望，在你焦頭爛額的工作日中，順勢傾聽技巧能讓你的傾聽時刻更輕鬆寫意，效果也更好。

希望在未來某一天，傾聽技巧可以成為你的優勢，別人會將你視為更好溝通的同事、下屬、主管和合作夥伴。也許，還會覺得你成了一個更好的人。大家可能很自然地就想來找你，或很容易注意到你，自己都沒注意到為什麼——但是你知道。到時候，你會很清楚，之所以能建立起別人的信賴和接納，都是因為順勢傾聽的幫助（也許，就連你的私生活都能獲益良多）。

致謝詞

撰寫本書並非我們兩人做過最困難的工作，但也八九不離十了。所以，我們非常感謝以下所有人伸出援手，讓一切變得容易許多：

Jeff Davenport和Patti Sanchez：我們第一次分享這個改寫傾聽方式的大膽構想，就是向兩位分享的。隨後你們不僅告訴我們，這個點子很值得好好探究，還鼓勵我們更進一步，因此便有了這本書。另外，要特別告訴Patti，感謝你在最早的書稿提案和草稿時期，對細節這麼講究，讓我們能確實顧及目標讀者，用合適的方式寫書。多謝你的精準直言。

在撰寫和出版這本書的過程中，有很多（太多）在背後支持我們的人了，其中Julie Leong可說是我們的救星，為我們協調了一切支援。感謝你訂定了時間表、狀態更新。在此也為Melissa Adams獻上掌聲，謝謝你在這整個過程中，好好照顧了我們的身心健康。

感謝Diandra Macias負責本書的設計。謝謝Oscar Chacon、Ash Oat、Ira Pietojo、和Fabian Espinoza和將近四十位杜爾特人同心協力，根據他們的視覺設計靈感，打造並完成封面設計。還要特別謝謝Diandra幫我們完成內頁視覺設計。多虧有你們大家，才能將我們的構想生動呈現。

感謝杜爾特策略、內容和指導團隊，針對本書稿所給的意見回饋、幫助我們蒐集客戶案例。我們也一輩子都會感謝團隊裡的各位夥伴：Dave DeFranco、Kristin Eskind、Sarah Vartabedian、Anne Marie Rhoades、Josh Storie和Phoebe Perelman。

說到研究，當然不能不提Hayley Hawthorne幫了我們大忙。謝謝你指出現有傾聽相關研究和訓練中還缺少的部分，我們才能判斷哪邊還有發展的空間。當然也要向Robin Gay和Melissa Chen特別說聲謝謝，感謝你們幫忙檢查那份不斷加長的參考資料清單。

我們還要向參與訪談、焦點團體、內部和外部的練習與技巧測試的各位同事、客戶、顧客、好友和親人，誠心說一聲感謝，也謝謝你們成為本書最初的一批讀者。在這裡，梅根要跟老公Kevin Lao特別說聲感謝加道歉，因為他在梅根忙得忘了好好吃飯時，總為她準備三餐。妮可則要向寫作過程中，她不斷向對方說「不行」的親友，好好說聲謝謝和抱歉。

感謝整個Mango團隊。在此，我們特別想向編輯M.J. Fievre道謝：不論我們陷入寫作危機或絕望谷底，其中一個人總會說：「沒事的，M.J.一定能幫我們搞定。」然後，她總是真的能掃除一切困難。要是沒有M.J.，這本書也不能提供這麼豐富的資訊，而且如此鼓舞人心。

當然，還有南西．杜爾特（Nancy Duarte）：沒有你，就不可能有這本書。南西非常清楚寫一本書可以多麼累人，有她一路以來的支持，真是我們兩人的一大幸運。

最後，我們還要感謝彼此：除了對方，這世上沒人知道這整個過程究竟是怎麼走完的，還有這一切如何改變了我們自己。我們永遠都對彼此抱著感激之心，幸好有你相伴，才不必獨自走完這趟旅程。

國家圖書館出版品預行編目 (CIP) 資料

順勢傾聽：職場向上、抓住人心的深度溝通力 / 妮可 . 洛溫布勞恩 (Nicole Lowenbraun), 梅根 . 史蒂芬斯 (Maegan Stephens) 著 ; 楊璧謙譯 . -- 初版 . -- 臺北市 : 遠流出版事業股份有限公司 , 2025.06
面； 公分
譯自 : Adaptive listening : how to cultivate trust and traction at work.
ISBN 978-626-418-197-6(平裝)
1.CST: 職場成功法 2.CST: 組織傳播 3.CST: 溝通技巧

494.35 114005586

順勢傾聽

職場向上、抓住人心的深度溝通力

作者——妮可・洛溫布勞恩 & 梅根・史蒂芬斯
譯者——楊璧謙
總編輯——盧春旭
執行編輯——盧春旭
行銷企劃——王晴予
美術設計——王瓊瑤

發行人——王榮文
出版發行——遠流出版事業股份有限公司
地址——104005 台北市中山北路一段 11 號 13 樓
客服電話——(02)2571-0297
傳真——(02)2571-0197
郵撥——0189456-1
著作權顧問——蕭雄淋律師
ISBN——978-626-418-197-6

2025 年 6 月 1 日 初版一刷
定價——新台幣 450 元
（缺頁或破損的書，請寄回更換）

遠流博識網
http://www.ylib.com
E-mail: ylib@ylib.com